连达古建筑写生画集

连达 —— 著

LIANDA
GUJIANZHU
XIESHENG HUAJI

罗哲文题

（收藏版）

陕西新华出版
陕西人民出版社

图书在版编目（CIP）数据

连达古建筑写生画集：收藏版 / 连达著 . -- 西安：
陕西人民出版社，2024.1

ISBN 978-7-224-15145-9

Ⅰ.①连… Ⅱ.①连… Ⅲ.①古建筑—写生画—作品
集—中国—现代 Ⅳ.① TU204.132

中国国家版本馆 CIP 数据核字（2023）第 232154 号

出 品 人：赵小峰

策　　　划：许晓光

责任编辑：许晓光

　　　　　白艳妮

整体设计：赵文君

连达古建筑写生画集（收藏版）

作　　者　连　达

出版发行　陕西人民出版社

　　　　　（西安市北大街 147 号　邮编：710003）

印　　刷　陕西金和印务有限公司

开　　本　787 毫米 ×1092 毫米　1/12

印　　张　26.5

字　　数　390 千字

版　　次　2024 年 1 月第 1 版

印　　次　2024 年 1 月第 1 次印刷

书　　号　ISBN 978-7-224-15145-9

定　　价　98.00 元

如有印装质量问题，请与本社联系调换。电话：029-87205094

序

连达是我的朋友。认识之前就久闻其大名，看到他出版的画册，以及在网络上广为传诵的事迹。一双脚、一支笔，所到之处，把那些濒临毁灭的古老村庄和历史建筑画下来。尤其是那些濒临倒塌的破庙和被废弃了的旧民居，因而被人戏称为"破庙专业户"。其实这是一个很有意思的褒义词，连达的老建筑钢笔素描之奇、之特，就在于一个"破"字。历史建筑之破旧，反而是照片不容易表现，甚至表现不好的。但是一旦进入画面，它们就成为一种独特的美，一种注入了时间和生命的历史之美、沧桑之美！而且这种美是比那种单纯的漂亮更高形态的美，是要有比较高的文化修养的人才能欣赏到的美。

今天社会上多数的人往往只会关注高楼大厦之雄伟，玻璃幕墙和金属构件闪闪发光之靓丽。却没有注意到千年木材的年轮所显现出的沧桑历史；没有关注唐宋明清的雕刻彩画所表达出的不同时代人的精神意识和审美趣味。这才是历史建筑的真正趣味所在。

当然，连达所画的也并不都是破旧的古建筑，他画得更多的是那些已经修好了的完整的古建筑。20多年来，他不顾寒暑季节，不避风雨天气，独自行走于山林村野田间地头，足迹遍布十个省区，画过的古建筑达1300多座。这是一座用画笔保留下来的中国古代建筑艺术的图库。

连达所做的事情具有非常重要的意义，他并不只是一般的记录古建筑，这种记录工作会有更多更专业的人来做。而他所做的事情最重要的意义在于靠自己的行动带动起更多的民间爱好者对于古建筑的关注，对于文化遗产保护事业的关注。去年他到长沙来，长沙本地的相关单位和志愿者们专门为他组织了一场在长沙街头画古建筑的活动，我也有幸参与其中。不仅在街头画古建筑，还在市图书馆做了一场讲座，引发了当地很多市民关注，把更多的普通民众引入到自觉保护文化遗产的队伍中来。

古建筑是中华文化的瑰宝，是我们的前人遗留下来的不可多得的文化遗产。它需要人们的关注和保护，不仅仅是文物保护和古建筑相关的专业工作者，更需要的是整个社会广大民众的关注。只有全社会的民众一起关注，我们的文化遗产才能得到真正的保护。而连达所做的事情就正是起到了这样一种普及性的宣传作用，这比那些一般课堂和书本教育所起的作用更直接、更普及、更加深入人心。

湖南大学　柳肃

前　言

　　我出生在黑龙江省庆安县，一个毫无历史遗迹的内陆小县。18 岁时全家迁居辽宁大连，在此之前我从未离开过家乡，也无缘见过任何古建筑。第一次看到中国古建筑是在到此一游般粗略游览沈阳故宫的时候，虽不懂其中门道，却从心底感觉很喜欢这种建筑风格。1999 年我 22 岁时进行了自己人生中的第一次独自远行，游览了北京、山西等地的许多名胜古迹。也正是这次旅程为我打开了一扇了解中国历史文化的全新窗口，让我明确地把自己毕生的兴趣爱好牢牢锁定在古建筑上。至今我仍很庆幸自己在那么年轻的时候就已经准确地找到了值得自己用一生去热爱和追寻的人生方向，并为之奔走天南地北，写生与记录，笔耕二十余年，虽鬓发染霜，却从无懈怠。

　　充满年代感的中国古建筑令我痴迷，为了长时间地陪伴它们，我尝试自学绘画，一个美术门外汉硬着头皮钻研造型和绘画技法，同时自学建筑透视与构图、不同朝代的古建筑结构特点等极其跨界的知识。当时我甚至找不到参考书，只能通过写生和实地观察来进行笨拙的自我归纳总结，其中的艰辛不堪回首，这一切仅仅是因为我对古建筑发自内心的一见钟情式的热爱。

　　当我在漫无目的的古建筑寻访旅程中看到越来越多破败濒危的古建筑时，我意识到仅仅是喜欢和浏览古建筑，这显然太自我和麻木了，应该尽我所能为古建筑做些事，哪怕为濒危的古建筑留下一幅画像也好。这是一种良知的觉醒和责任感的召唤，也就是这样的想法让我完成了从一个游客到匹夫有责的文化记录者的转换，我的目标更加明确，用画笔记录古建筑的现状，也就是记录历史。而现存古建筑资源最丰富的山西省就成了我实现这种理想的首选之地。

山西作为中国各时代古建筑体系完整的保留地，其所拥有的无与伦比的庞大古建筑数量和令别处望尘莫及的古建筑质量都是吸引我乐此不疲在这里追寻探索和写生的庞大动力。我是一个东北人，小时候从未想过人生道路上会与遥远的山西产生什么联系。人生能有几个 20 年，我却把自己最好的青春都献给了山西古建筑，我对山西的熟悉和热爱程度远超自己的家乡。我的写生作品不仅记录了山西古建筑的保存状况，更是我对古建筑的无比深爱通过笔端的一种绵密释放和表达。

有人曾问我，你的画是什么风格，我也不知道自己的作品该归入何种风格。我很喜欢中国画白描的表现手法，觉得用这样的形式结合在野外更易于携带和操控的钢笔、针管笔之类工具，可以较为得心应手。在写生时我都是笔随心动，不注重技法，以能最大限度地表现出古建筑真实的结构和状况为目的。我觉得自己算不上是个美术工作者，因为我的绘画技能仅用于表现古建筑题材；我也算不上是个古建筑工作者，因为我也不从事与古建筑研究和修缮相关的工作。绘画只是我用以表达对古建筑无比深爱的一种方式，得到作品不是唯一目的，在写生时与古建筑长时间的相互陪伴于我来说才是最快意的体验。

2007 年春，一次我与大我 20 岁的忘年交画家郭峰老师聊天，他说准备去拜见罗哲文先生，请罗老给自己的画册题几个字。我一听机会难得，赶紧回家把自己当时那些拙劣的古建筑写生作品也挑了又挑，选了又选，打印成两个册子，一本的扉页上写着恭请罗老指点，另一本扉页空白着，请郭峰老师一并呈给罗老。我希望罗老能在空白那本上写句勉励我的话，就知足了。谁知罗哲文先生并没有嫌我是个初学乍练的无名之辈，反倒觉得我是个有理想有志向的大好青年，对我有志于画遍古建筑更是极其赞许和鼓励，欣然用毛笔和宣纸为我题写了两幅字，也就是本书竖版和横版的两幅书名，竖版用繁体字，横版用简体字。罗老希望有朝一日我能够正式出版这样的作品集，这也是他作为前辈学者对我这个年轻人无限的赞许和期望，由此更加坚定了我在寻古写生这条路上走下去的信心。我和妻子王慧联袂走长城多年，2007年国庆节期间，在众多朋友的见证下在北京撞道口长城举办了婚礼，罗老题写的这两幅字作为我们最珍贵的新婚礼物正式交由我收藏。转眼多年过去了，我一直在追寻理想的路上坚定地前进着，几乎画遍了山西各地的古建筑，京、津、冀和豫、皖、湘等地也留下过我的足迹，积累了大量的作品。罗哲文先生已经于2012年故去，我心中一直惦记着终有一日要将作品付梓成集，不辜负罗老对我的这份期许。此番我在2500余幅写生作品中精选出237幅结集成《连达古建筑写生画集》，既是对我20多年来古建筑寻访和写生行动的归纳与总结，也是对罗老最好的告慰。在此真诚地向陕西人民出版社和许晓光老师、白艳妮老师、赵文君老师以及所有支持和帮助过我的师友们表示感谢！

　　这本画集不仅是我个人的作品集，同时也把中国各地许多著名和无名古建筑在当代的真实样貌以手绘写生的形式集中呈现给读者。既是一本绘画的书，也是一本记录历史的书，更是中国古建筑之美的个性化展示，归根结底，是一个中国传统文化守护者20多年赤子之心的真挚呈现。

目 录
CONTENTS

山西篇

晋东南

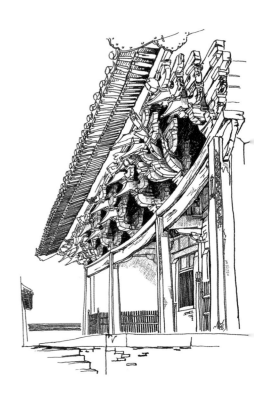

晋　南

晋　中

晋　北

陕西篇

北京篇

天津篇

河北篇

河南篇

湖南篇

安徽篇

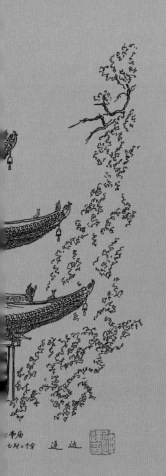

山西篇

晋东南 晋南
晋中 晋北

　　山西省简称晋，东有太行山，西有吕梁山，长城与黄河勾勒出它的轮廓。在这块表里山河的神奇土地上保存有中国 70% 的明清古建筑，85% 的元代以前古建筑。全国仅存的三座唐代木构和五座五代木构中的四座都在山西，存世八大辽构中有三座在山西，北宋和金代建筑也绝大多数保留在山西。这里是中国古建筑保留最多最好的地方，走进山西就像在中国建筑史中穿越，数不清的乡野村庙更会时常给人以发现历史的兴奋和同古人对话的快意。

　　我奔走山西 20 多年，逐渐用画笔揭开了山西古建筑的神秘面纱，记录下了它们最真实的面貌。

晋东南

晋东南指山西的东南部地区，包括长治和晋城两市。长治古称上党、潞州、潞安府，晋城古称泽州，传统的晋东南地区因而也被称作潞泽地区。这一地区处在太行山脉的南段，保存有大量上起唐末五代，下至明清时期的古建筑。有些古建筑甚至是建筑史上的孤例，具有极其重要的历史文化价值。

这里也是我古建筑写生正式开始的地方。许多散布在山乡中的古建筑交通不便，当初我为了逐一探访，着实耗费了特别多的时间和精力。翻山越岭、徒步跋涉，甚至在暴风雨中仍然不屈不挠地向着目标前行，在忽然的降温中全身颤抖着依然画个不停，近乎痴狂，许多回忆真是永生难忘。

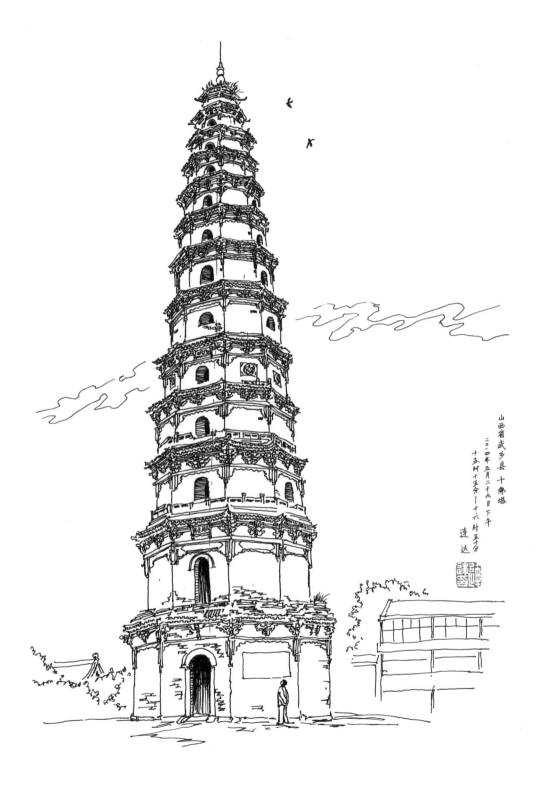

山西省武乡县 千佛塔
二〇一四年五月二十九日下午
十五时十五分—十六时半分
连达

武乡县千佛塔

　　武乡县城中心耸立着一座八角十三级攒尖顶砖塔，如一把利剑直插霄汉，这是清朝初年由高僧阎福江主持修造的千佛塔。自康熙三十八年（1699）动工，历时11年才完成。塔身全用青砖建造，各层檐下都以砖雕仿木结构做出精妙的斗栱与垂花，并镶嵌有多块砖雕装饰和浮雕匾额。塔高30余米，一层直径约有8米，自下向上渐次收分，到了最顶层，直径只有两米。整体造型挺拔秀气，是清代楼阁式砖塔中的佳作，也是我在山西境内所见过的最美的清代砖塔。

武乡县泉之头村古民居

　　武乡县故城镇有座不起眼的小村庄，村东有一眼清泉，其水清澈爽口，饮之微甜，号称万泉之首，遂得名泉之头。

　　明代时陈姓族人迁居到此，至清代为官和从商者甚众，盛极一时。陈家的宅院因地制宜沿山脚下排布，分为相连的多座多进院落，前部厅堂多为单层，最后的正房则为宽大的两层楼阁。比如画里这户老宅，前院已经荒废，但最后一进院里的楼阁基本完好。

　　古韵犹存的村庄正在被贴着白瓷砖的大瓦房逐渐占据，真正承载着历史文化和乡土记忆的老屋就像风烛残年的老人那样日渐凋零。每当看到这样的景象，我心中都感到特别沉重，每一次的发现和写生都有可能是永远的告别，不知道在苍茫的大山深处，这样的古村落还有多少。

山西省襄垣县北关五龙庙山门
二O一三年七月二十七日 下午十六时四十分——十八时十二分 连达

襄垣县北关五龙庙山门

　　襄垣县老城北关的五龙庙始建年代无从考证，元至正十年（1350）重建，后经明清多次修缮，现在尚存有山门、正殿和东、西配殿，主要是明代遗存。院子曾被一座铁匠铺占用，摇摇欲坠的山门墙壁上，巨大的铁匠铺字样倒好像成了庙宇的招牌，我因此戏称其为"五龙铁匠铺"。五龙者，是指五帝龙王，这是一座龙王庙。我到此只见大门紧闭，无法入内。后来去画文庙大成殿时，一位围观者主动和我攀谈，了解我为何画古建筑，然后欣然带我再来五龙庙，因他认识管钥匙的人，我才得以进院一游。

黎城县东阳关镇辛村天齐庙

天齐庙是祭祀东岳天齐仁圣大帝的庙宇，也就是俗称的东岳庙，主神为《封神演义》中的武成王黄飞虎。黎城辛村天齐庙临近晋冀两省在太行山上的重要通道东阳关，是古代出入两省的人民祈求福泽保佑的地方。现存建筑为一个长方形院落，正殿是元至元五年（1339）所建。昔日只能靠徒步翻越的太行山脉充满艰险，常常有人殒命途中，因此，路过这里的人无论是贩夫走卒还是王侯贵戚，都不约而同地会走进天齐庙上香许愿，希望东岳大帝能给予庇护。随着现代公路铁路交通的发展，太行山的万仞绝壁早已变成通途，这座天齐庙便归于沉寂，被人们遗忘了。负责管理庙宇的老大爷特别热情，我几经打听才在村中找到他。我说明来意，他立即扔下手里的活计，赶来庙前开门。众多这样热情淳朴的山西老乡给我留下了极深刻的印象。

山西省黎城县东阳关镇辛村

天齐庙　二〇一五年四月十日

上午九时二十分—中午十二时三十分

连达　绘

潞城市黄牛蹄乡李庄关帝庙

在潞城市李庄村委会对面有一片坐东朝西的大庙，为李庄关帝庙。此庙创建年代已不可考，建筑群南侧傍依黄土崖畔临渊而建，现存两进院落，山门上镶嵌有四个大字"山西夫子"，阐明了关云长和孔夫子一武一文相并列的崇高地位。庙内庭院宽敞整洁，正中央建有十字歇山顶献亭一座，殿顶宽大，檐角高挑，造型浑厚，斗栱简洁大方，不重雕饰。下部四柱古拙粗硕，不甚规整，有元代风格。全庙最后部为关圣大殿。同村还有一座金代的文庙，小小山村文武兼备，真是不同凡响。当初我坐客车从山下经过，远远看见村里民房包围中露出一座与众不同的大屋顶，心知必定是古庙，便顾不得已是当天的最后一班车，立即下车向村中奔去，果然没有令我失望。

山西省潞城市黄牛蹄乡李庄
关帝庙
二〇一四年十月十八日上午十时三分—中午十二时三分　连达　绘

平顺县北耽车乡王曲村天台庵

　　天台庵位于王曲村西南的高岗上，最初曾被认定是唐朝天祐四年（907）所建，是中国现存 4 座唐代木构建筑之一。近年经落架大修发现了梁架上的五代后唐天成和长兴年间题记，才被确定为后唐建筑。这是一座造型极简的小佛堂，殿身窄小，但屋顶却特别巨大张扬，真有"如鸟斯革，如翚斯飞"的韵味。我曾沿着浊漳河峡谷徒步十余里来此寻访天台庵，满眼山峦层叠，大河奔流，道路悠远，仿佛走在一条穿越时空的朝圣之路上，那时候觉得大唐已不仅是一个名字，它真的就在路的前方等着我。

平顺县阳高乡车当村佛头寺

佛头寺建在浊漳河南岸车当村西北的高地上，因其背靠的山峰名叫佛爷垴而得名。原本是一座有两进院落的寺庙，现在仅存前殿。这座殿面阔三间，进深四间，单檐歇山顶，平面近乎正方形，正面明间开板门，两次间设直棂窗，背面只在中部开一门。檐下斗栱层叠密布、古拙雄健，高高托起飞檐，把小巧的佛殿装点得亦有磅礴气势。其梁架结构较完整地保存了宋式做法，殿内墙壁上还有明代所绘的二十四诸天神像壁画。来此寻古路途遥远，翻山过河，辛劳之余，终于得见高峰之下泰然安稳的端庄佛殿，心中顿感欣喜释然，仿佛在角落里与历史偶遇。

山西省平顺县阳高乡
车当村佛头寺
二○一四年十月十七日下午十时二十分
一十五时十七分
连达 绘

平顺县石城镇源头村龙门寺大雄宝殿

　　龙门寺坐落在源头村北的群山之中，四周奇峰突兀，峭壁千重，前有两峰东西相对，岩似龙首，对峙若门，称作龙门山，寺也得名龙门寺。寺院创建于北齐天保年间（550—559），初名法华寺。宋太祖赐额"龙门山惠日院"，后更名龙门寺。元代时寺院规模达到了极盛。今天龙门寺由中路的山门、大雄宝殿、东西配殿、燃灯佛殿和东路的圣僧堂、水陆殿、神堂以及西路的僧舍和库房组成。

　　画中就是大雄宝殿，建于北宋绍圣五年（1098），前檐下石柱顶端有当时功德主施柱的题记，睹之有一眼越千年之感！我多次到过龙门寺，绘此画时正值山雨忽至，我躲在山门旁的屋檐下，用雨伞护住画纸，遮挡随风飞舞的雨滴。清冷的山风里，我被冻得缩着脖子，微微颤抖着，用冰凉麻木的手攥着钢笔仍画个不停。

平顺县石城镇东庄村观音堂

在平顺县太行山浊漳河大峡谷深处有个东庄村，村南朝向河川的高地上立着一座小小的观音堂。这是建于明嘉靖三十四年（1555）的单体小殿，单檐歇山顶，宽大的飞檐与小巧的殿身形成了夸张的比例，这种风格颇有唐宋时代早期建筑的特征，而墙壁上的标语又彰显着独特的时代烙印。乡村寻古经常给人以这种时空交错的独特体验。

后来听说观音堂的台基下陷，山墙也崩塌了，画中的古朴场景已永远成了回忆。

山西省平顺县石城镇东庄村观音堂
二〇一九年五月三日 中午十二时四十分——下午十五时 连达

平顺县北社乡东河村九天圣母庙梳妆楼

相传九天圣母是玄鸟化身，人首鸟身，为殷商远祖。平顺县九天圣母庙创建于隋唐，重修于北宋，现存建筑群如一座小城堡般巍峨地耸立在村旁山顶上，主要建筑有山门兼戏楼、献殿、正殿，四周的配殿、廊庑合围成封闭的小院。在院子东侧还有一座两层歇山顶的圣母娘娘梳妆楼，下层供奉晋东南常见的二仙女神。在太行山区遇到这种檐角高挑上扬、有江南韵味的建筑令人颇感新鲜，此楼之秀美在该地区当称得上首屈一指。

我来到这偏僻的山村古庙，只遇到两个本村大妈守护，她们对外人充满警惕，甚至禁止我拍照绘画。被人拒之门外的情况我也多次遇到，能进大门则说明还有沟通的余地。多年行走江湖与各种人接触，使本来内向的我也逐渐学会了"花言巧语"，在一番看似不经意的拉家常之后，大妈们逐渐缓和了对我的敌意，我也因此得以完成了这幅画。

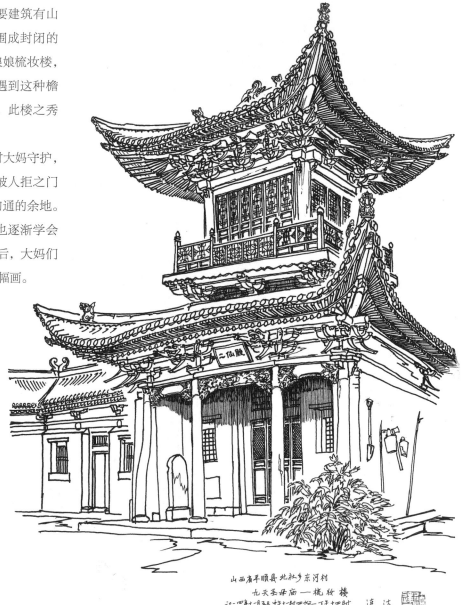

山西省平顺县北社乡东河村
九天圣母庙—梳妆楼
二〇一四年十月五日午十一时四惕一下午十四时 连达

长子县文庙大成殿

　　长子县文庙始建年代不详，至迟在北宋初年即已建成。现在虽尚有大成门、大成殿、明伦堂等建筑，却只有大成殿为旧物。

　　大成殿是元代遗构，面阔五间，进深三间，单檐歇山顶，前檐为一排青石抹棱方柱支撑，檐额粗硕巨大，直接架在石柱顶端，斗栱简洁疏朗，长长的昂形耍头有宋代遗韵。我选择了这样一个角度来画大成殿，尽量突出其张扬高举的檐角和雄伟的气势，并将停在这里的一台汽车也如实画了进去，使古老与现代文明的对比显得更加强烈。

长子县下霍村白云山灵贶王庙

　　灵贶王庙是祭祀后羿的庙宇，原本都叫三峻庙，因宋徽宗加封后羿为护国灵贶王，所以也称灵贶王庙。下霍村灵贶王庙修建在村南白云山顶，是一座高大严整的四合院，像座堡垒。现存建筑有戏台、配殿、献殿和正殿。正殿是金代遗构，面阔三间，进深六椽，单檐悬山顶。前檐下斗栱粗壮硕大，体量惊人，总高度几乎占了檐下通高的近一半，一组组琴面昂洒脱地伸向半空，补间的大斜栱更是展现出极其张扬霸气的独特个性，古拙壮美摄人心魄。

　　我先是画了一个横幅，但怎么看都觉得没有展现出这些斗栱应有的气势，于是断然将几近完成的画作废，又改为竖幅构图，重新画了一张，足足在这里忙活了一上午才得到了这幅作品。

山西省长子县下霍村白云山
灵贶王庙
二〇一四年六月一日上午九时四十一
中午十一时四十分　连达　绘

山西省长子县琚村崇庆寺　地藏殿　阎君像
二〇一四年六月二日中午十三时二十分—下午十四时二十分
连达　绘

长子县紫云山崇庆寺地藏殿秦广王塑像

　　长子县琚村北面的紫云山中建有一座古刹崇庆寺，创建于北宋大中祥符九年（1016），现存千佛殿、大士殿、天王殿、地藏殿等建筑。

　　崇庆寺以保存完好的宋明彩塑闻名，画中是地藏殿中的秦广王塑像。此殿内以地藏菩萨为中心，两厢列坐十阎王和六判官。十阎王分别是秦广王、楚江王、宋帝王、仵官王、阎罗王、平等王、泰山王、都市王、卞城王、转轮王。相传十阎王是按十位著名皇帝形象塑造，即秦始皇嬴政、汉高帝刘邦、汉武帝刘彻、汉光武帝刘秀、梁武帝萧衍、隋文帝杨坚、唐高祖李渊、唐太宗李世民、宋太祖赵匡胤和明太祖朱元璋。这尊秦广王像据传即是以汉高帝刘邦为原型塑造的。

长子县紫云山崇庆寺地藏殿
平等王塑像

　　画中是崇庆寺地藏殿内平等王的塑像，相传是按明太祖朱元璋的形象塑造。朱元璋一生杀伐果决，无论对敌人还是曾经和自己并肩战斗出生入死的战友兄弟，一旦拿起屠刀，从不心慈手软，几次大杀朝臣，动辄上万人，使满朝官吏几成惊弓之鸟。朱元璋对贪官污吏惩处之严酷也是古今罕有的，在他颁布的《大诰》中规定了墨而文身、挑筋去指、种诛、阉割等十余种法外酷刑。还在州县设立"皮场庙"，对贪官污吏当众剥皮，用草充之，悬于官府，对后任者进行警示。这般雷霆手段，简直就是一位活阎王。

　　崇庆寺历来禁止拍照，无数游人曾在此受挫。我因偷拍，还被庙里的老汉揪着领子给推了出来。但我并不气馁，不让拍照，那我画画总可以吧，于是就在崇庆寺画了几尊塑像。

山西省长子县琚村崇庆寺 地藏殿 阎君

二〇一四年六月二日 下午十五时三十分 —

十七时十分　连达 绘

长治县北宋村玉皇庙

长治县北宋村中现存一座玉皇庙，为面阔五间进深六椽的悬山顶大殿，始建于元代，明代曾大修。前檐下以六根方形砂岩大柱支撑，斗栱粗壮硕大，排布紧密，结构变化繁多。现在屋檐槽朽，椽瓦脱落，原有门窗早已无存，柱间仅以砖头进行了临时封堵。殿顶多处漏洞见天，昨天下过雨，今天殿内还在滴着水。后墙也严重外闪，全靠几根木棍戗住才没有轰然崩塌。旁边配殿里现在是一个棺材铺的存货之所，堆满了大小棺木，我就背靠着成堆的寿材为玉皇庙画了这一幅。

山西省长治县北宋村
元代玉皇庙　二〇一三年七月二十九日
上午十时十分—中午十二时三十分　连达

长治县南宋乡南宋村玉皇观五凤楼

长治县南宋乡南宋村玉皇观始建于宋代，在金、元时期曾经大修，明万历四十二年（1614）再次重修，现存五凤楼、献亭、正殿以及配殿等建筑。五凤楼位于建筑群最前端，面阔进深各三间，五重檐歇山顶，一层是进出庙宇的通道。整座楼阁重檐层叠，高挑的飞檐有江南楼阁的灵秀之气，堪称上党地区古楼阁之翘楚。

我那段时间去山西访古，听人建议，自备了一辆小轮折叠自行车，以为穿行于相邻的村庄间会很便捷，可实际操作起来方知在山区骑行要耗费大量体力和时间，对我来说得不偿失。我从高平王村一侧翻山来南宋村时，山坡陡峭，我更是只能推着自行车在山间前行，此时车子就显得很鸡肋，扔也不是，带也不是。我到玉皇观时，几乎累掉了半条命，满脸淌汗，却还得强打精神开始画画，简直狼狈不堪。

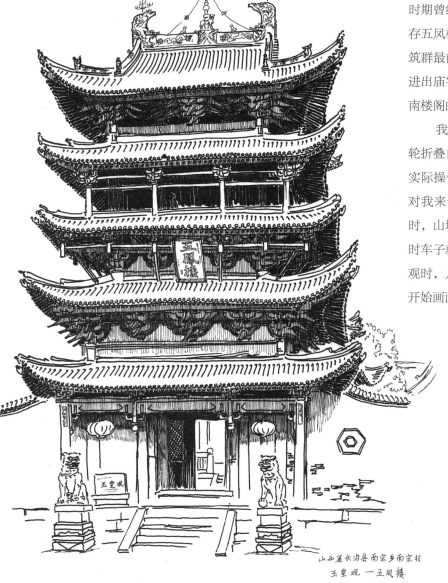

山西省长治县南宋乡南宋村
玉皇观一五凤楼
二〇一三年七月二十六日 晨六时一上午九时二十分

连达绘

山西省长治县南宋乡南宋村
玉皇观 灵霄宝殿
二〇一〇年十月二日 中华十二时一 下午十四时五合
连 达 绘

长治县南宋乡南宋村玉皇观灵霄宝殿

　　玉皇观最北端是供奉玉皇大帝神位的灵霄宝殿，这是一座面阔五间、进深六椽的悬山顶大殿。殿前设有平坦宽大的月台，是举行祭祀仪式的地方。殿身前檐以一排石柱支撑，明间和两次间设隔扇门，两尽间为破子棂窗。最为炫目的是檐下密密层层的斗栱，在每一根石柱顶端以及左右两尽间的补间位置都有单翘五昂十三踩的斗栱，明间和两次间补间出斜栱，斗栱部分的总高度甚至超过了檐柱高度的一半，其密集复杂程度是我访古以来所仅见。当我面对着好似一束束槐花般绽放的雄壮斗栱，立即被这力与美的极致之作震撼得瞠目结舌，深深折服。而用画笔厘清其中复杂的结构，更是对我视力和技法的严苛考验。

长治县南宋乡南宋村孟家高楼

在南宋村北的台地上耸立着一座巨大的青砖高楼，此楼敦实厚重，坚若磐石。楼体总共有五层，通高 20 余米，好似一尊顶天立地的金刚。此楼是明末本村财主孟贞道修建，因此被称作孟家高楼，原是孟家宅院的一部分，如今只有此楼幸存下来。明末流寇猖獗，许多村庄和富户纷纷筑起城寨堡墙以自卫，类似孟家高楼这样的堡垒式大楼，其内设有水井、碾子和磨盘，储存有大量粮食，可供长期坚守。此楼不但具有堡垒般的防御能力，因其高大，还具有瞭望预警功能。登上楼顶，方圆几十里内的动静尽收眼底，一旦发现流寇来袭，村中则可早做准备。

山西省长治县南宋乡南宋村
孟家高楼
二〇一四年十月二日上午七时四十分—八时五分
连达

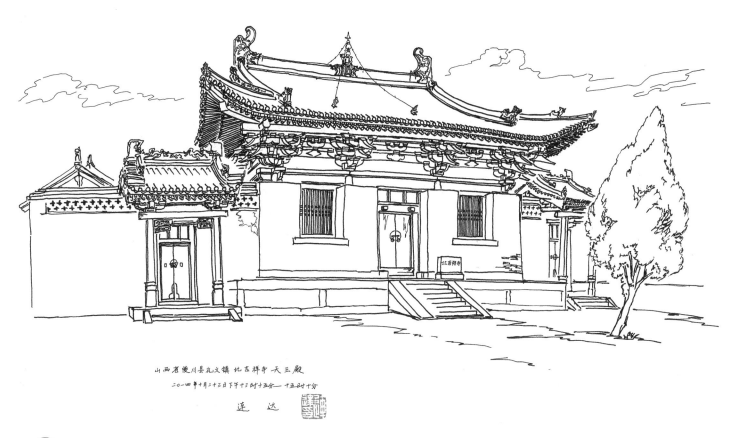

山西省陵川县礼义镇 北吉祥寺 天王殿

二〇一四年十月二十三日下午十三时十五分——十五时十分

连达

陵川县礼义镇北吉祥寺天王殿

　　陵川县礼义镇北吉祥寺初建于唐大历五年（770），曾名什柱院，北宋太平兴国三年（978）五月二十五日，朝廷赐牒"北吉祥之院"，元、明皆有大修。寺院坐北朝南，现存两进院，最前端的山门是曾经的天王殿。此殿面阔三间，进深六椽，单檐歇山顶，檐角高举，斗栱壮硕，造型俊朗大气，是北宋遗构。天王殿两侧连建有拨门，这一组建筑高低错落，比例适中，令人赏心悦目。

　　我曾两次来此写生，第一次遭遇雷雨，虽然举伞坚持，但画的效果令我很不满意。之后专程再来，总算赶上一个好天气，得以完成了这幅画。实际上当时寺庙外围正在进行土建施工，轰鸣的气泵、挖沟机和切割石材的噪音吵得我头都要爆炸了，但我只能强自集中精力，以一种于喧嚣中入禅定的境界坚持完成写生。

陵川县杨村镇寺润村三教堂

　　三教即指儒、释、道，唐宋以来三教并祀之风盛行，乡村中尤为普遍。寺润村三教堂原是一组建筑群，始建年代已不可考，现仅剩一座金代的重檐歇山顶小殿，孤零零立在村头荒草丛中。此殿造型小巧紧凑，下垂的檐橼、散乱的瓦片和丛生的杂草，处处散发出久远年代所沉淀出的沧桑气质，虽然已如暮年老者，却仍然不屈屹立，风骨傲然。

　　我找到这里，立即坐在路边开始写生，随即成了乡民们围观和议论的焦点。大家便如同查户口般七嘴八舌对我仔细打听盘问，我多年来深谙与群众打成一片的生存之道，不多时已经和大爷大叔们聊得火热。嘴里回应着各种问题，手上不停地画着，顺便普及古建筑知识和保护的理念，并完成了写生，绝对达到了一心多用的境界。

山西省陵川县杨村镇
寺润村三教堂
二〇一三年四月二十日上午八时四十分一
十时十分　连达绘

陵川县崇安寺插花楼

崇安寺插花楼是明代所建，位于寺院前殿的西侧，是三重檐歇山顶两层砖木楼阁，清秀质朴，不加粉饰，古风扑面，有早期楼阁的遗韵。崇安寺身处繁华的县城，每天早晨寺外更是被广场舞和早市搞得一片嘈杂，但当我跨进山门，一切噪音仿佛都被宽大的古陵楼挡在了外边。院子里完全是另一个安静清雅的世界，也正因此，我多次来这里写生，既有喜欢其复杂建筑结构的原因，也许更多的是享受这种闹市山林的意境。画插花楼时，则因其从未被修缮的原真古朴风貌而感到格外陶醉。每当写生，几个小时往往不知不觉就过去了，除非被饥饿感或者内急所唤醒，否则我会完全忘记时间的流逝，彻底沉浸于写生创作的愉悦中。

山西省陵川县崇安寺
插花楼
上午八时三十分—
二〇一三年七月二十四日
中午十二时

连达

陵川县崇安寺山门古陵楼

　　崇安寺坐北朝南修建在陵川县城西北的卧龙岗上，整组建筑气势恢宏，居高临下，傲视全城。相传寺院创建于隋朝，唐初更名丈八佛寺，俗称凌烟寺，北宋太平兴国元年（976）敕命为崇安寺。现存多为明代遗构，依次有山门、前殿和大雄宝殿，两厢有配殿和僧舍，在前殿西侧还有一座插花楼。山门是宽大的两层楼阁，名曰古陵楼，左右有钟、鼓双楼相峙，画中所表现的即是古陵楼和钟鼓楼建筑群，这也是晋东南地区为数不多的大型楼阁式建筑群。

　　我来古陵楼写生也有好几次了，因其规模大、结构复杂，楼前又种了很多树木，实在是遮挡视线，因此总是画得不如意。这幅画我采用长纸，先画古陵楼，再填补两侧钟、鼓楼，边画边修正构图，用了两天时间才总算完成，虽不完美，但已经是历次古陵楼作品中效果最好的了。

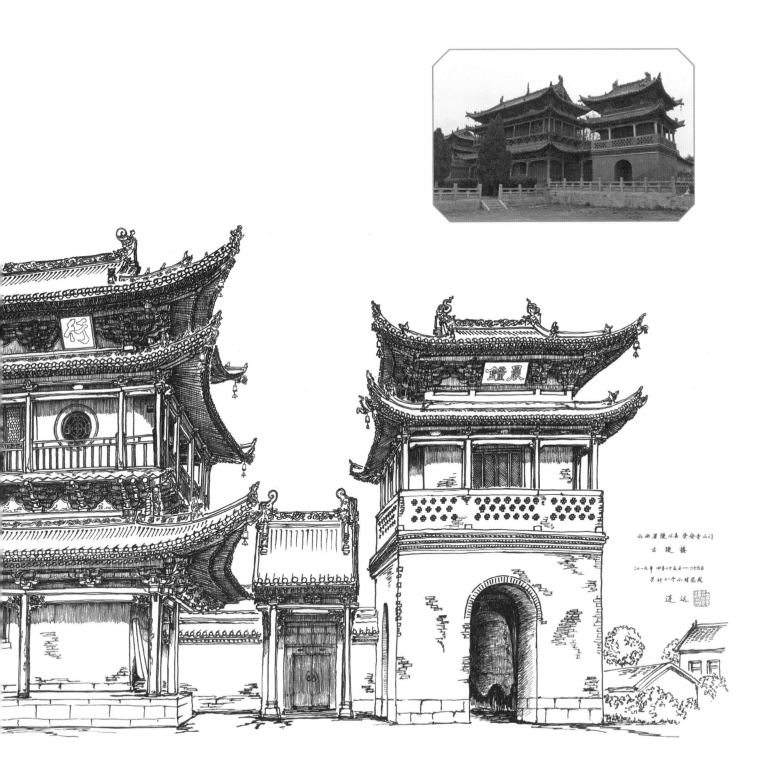

山西省陵川县 崇安寺山门
古陵楼

二〇一九年 四月二十五日——二十六日
共计十一个小时完成

连达

陵川县附城镇陵邑会馆后殿

　　陵川县附城镇有一座陵邑会馆，前后两进院落，据碑刻记载，是清道光三年（1823）由当地66户商号捐资两万四千贯钱开始兴建，道光三十年（1850）大规模彩绘涂装，至咸丰三年（1853）才最终竣工。后殿的主神供奉着保佑众商家财源广进的武财神关老爷，两旁配祀关平、周仓、增福财神、金龙四大王。会馆不但是供奉神明之所，也是商会协商和处理公共事务的地方。历经沧桑后，现在这里已经沦为大杂院，杂乱地居住着多户人家。

　　我走进院中，发现这里曾经被学校占用过，两侧二层的配殿早已废弃，桌椅教具半掩于垃圾堆中。殿前庭院成了菜地，檐柱间也拉上了绳子晾晒被褥。我就在配殿前坐下，画了一幅结构上依稀富丽堂皇，却又沧桑颓败的正殿。

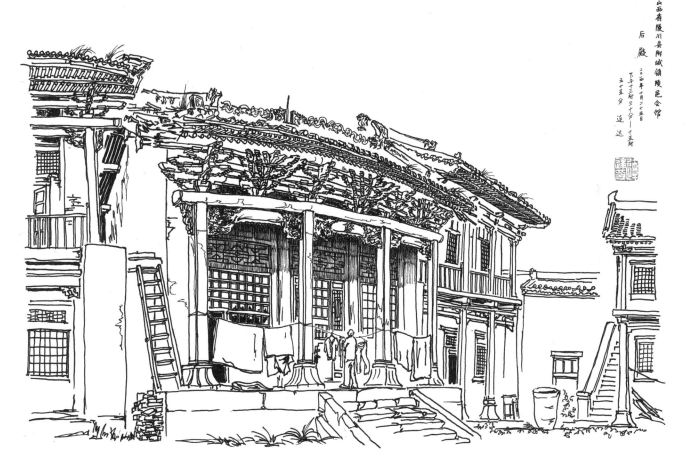

山西省陵川县附城镇陵邑会馆

后殿

二〇一四年十月二十五日

下午十三时三十分——十五时

五十五岁　连达

陵川县附城镇田庄村全神庙

　　陵川县田庄村保存有一座残破的全神庙，按当地老乡的说法，所谓全神庙就是将乡民们所需要祈求祷告的所有神明全部供奉在一起，有所求的人也就不用四处去磕头，在这里便想拜谁都能找得到。我想，这类似于今天的一站式办公大厅吧。田庄全神庙正殿是一座元代遗构，虽然已经残破不堪，但巨大的斗栱特点十分鲜明，墙上"实事求是"的标语更是时代相距不远，令我既熟悉又感慨。我借宿在村中，住在老乡的空房子里，跟他们一起端着大碗吃面条，也学着他们的样子一手端碗一手持筷，坐门槛上，越发入乡随俗了。

山西省陵川县
附城镇田庄村
全神庙
二〇一五年四月二十四日
上午九时十分—中午
十二时十五分
连达

陵川县西溪二仙庙

　　二仙者相传是晋朝时候的乐氏姐妹，以孝道感动上天，飞升成仙。西溪二仙庙创建于唐乾宁年间（894—897），宋徽宗赵佶加封二仙为冲惠真人、冲淑真人，赐庙号"真泽"，因而二仙庙也称真泽宫。金朝皇统二年（1142）对二仙庙进行过扩建。金末元初的文学家元好问幼年就曾在二仙庙读书。现在的庙宇有南北两进院，前院戏台和前殿为明清建筑，后院的后殿和两侧相对的东、西梳妆楼皆为金代遗构，画中所表现的就是后殿和西梳妆楼。

　　写生时可以主观地把场景中的遮挡物去掉或者略做挪移，比如建筑物前的树木就被我做了调整，把主体建筑本身尽量完整地呈现出来。还有时会遇到杂乱的如垃圾堆或空中拉扯的电线等，都可以主观舍弃。

二〇一九年四月二十二日
绘于山西省陵川县
西溪二仙庙后殿
连达
用时九小时左右

陵川县附城镇田庄村腰楼院大门

漫步在田庄村中，忽然撞见了这座老宅门，古拙的造型同常见的清代宅门迥然相异，一下子吸引了我的注意力。此门构架简练敦厚，外门以两根木柱撑起粗大的檐额，其上设有四攒健硕的五踩斗栱，当心两攒出斜栱。其粗粝的古法古意令人眼前一亮。仔细探究后发现，宅门还有附属的明嘉靖三十五年（1556）二月石雕题记，记载了此宅名为腰楼院，分上下两院，由赵延章在嘉靖十八年（1539）创建。他于嘉靖二十六年（1547）故去，其五子三女于嘉靖三十二年（1553）建造了此"孝行门楼"以纪念。可惜当我走进这座古宅门，遗憾地发现里面的"腰楼院"早已面目全非了。

第二天天刚亮，我就跑过来为老宅门画了一幅像，乡村中这样的明代宅门现在也已经不多见了。

山西省陵川县附城镇田庄村—腰楼院大门　连达

建于明朝嘉靖叁拾伍年

二〇一九年四月二十四日

早大町三十分—八时四十五分

山西省高平市郭家庄西崇明寺
二〇一四年十月二十八日上午八时十五分——十时十八分
连达

高平市河西镇郭家庄崇明寺中佛殿

郭家庄崇明寺坐落在村西头台地上，据记载创建于北宋开宝四年（971）。中佛殿即为北宋原构，面阔三间，进深六椽，单檐歇山顶。殿顶宽阔巨大，殿身却低矮清秀，比例极其张扬，有唐朝和五代建筑的遗风，双杪双下昂七铺作斗栱与现存佛光寺唐代东大殿和五代北汉镇国寺万佛殿如出一辙，是存世宋代建筑中最独具一格的特例。我三次到这里写生，就是特别喜欢中佛殿那种磅礴的气势和雄健的结构，总觉得自己的表现能力太有限，无法真正表现出它独特的气质。每次来这里都颇感不易，因其位置偏远，租车成本高，下乡班车又到不了，还得自己徒步走很远才能到达。待到画完离开，又要受二茬罪。

高平铁佛寺二十四诸天长卷

　　在高平市米山镇米西村有一处铁佛寺，现存一座四合院，由南边的前殿、北面的正殿和东西配殿组成。相传寺院始建于金代，但现存主要为明代遗物，铁佛早已不见踪迹，倒是凭借正殿内保存下来的一堂极其精美的彩塑使这座小小的寺院名声大振。殿中除了主尊和二弟子、二菩萨外，最为传神的莫过于环绕四周的二十四诸天彩塑了。

　　铁佛寺二十四诸天彩塑衣冠服饰和铠甲雍容华贵，年老者微合双目老成持重，女神面带微笑温柔和蔼，韦陀和北方多闻天王又塑造成白嫩呆萌的胖小伙，造型复杂多变，相应的身姿动态活灵活现。独具特色的是一些塑像带着近乎暗黑的坏笑和夸张的面部表情，好像早已看穿了进殿者内心的秘密，让人感到这是一群有灵魂的活生生的亦人亦神的化身，堪称独树一帜的文物和艺术珍品。

崇宁天　　西方广目天王　　阎罗天　　散脂大将　　鬼子母天　　那罗天

菩提树天

伽毗罗天

娑竭罗龙王

南方增长天王

昭惠天

辩才天　　　　　东方持国天王　　　　　月天　　　　　密迹金刚　　　　　坚牢地神　　　　　摩醯首罗天

大功德天　　韦驮天　　日天　　北方多闻天王　　摩利支天　　帝释天

高平市河西镇三嵕庙

三嵕庙是祭祀后羿的庙宇，相传后羿射日的故事发生在屯留县三嵕山，所以供奉他的庙宇都叫三嵕庙。宋徽宗赵佶曾经加封后羿为护国灵贶王，所以也称灵贶王庙。河西三嵕庙尚存正殿、献殿和配殿，正殿是典型的元代建筑，以一根粗大的阑额撑起宽阔的正面，极大地拓展了使用空间。现在庙下山体成了煤矿采空区，地基下沉，墙体严重开裂，岌岌可危。

我登山来到庙前，衰草掩映间，只见大门紧闭，无法进入，门锁锈迹斑斑，显然很久未开过了。我心有不甘，围着庙院转圈子，在西北角见到院墙坍塌了一个豁口，就从这里跳进了破庙中。清代的献殿紧紧连在正殿前边，把正殿遮得严严实实，我只好坐在两殿的缝隙间，主观去掉献殿的遮挡，为正殿画了一幅全貌。

高平市米山镇定林寺山门

　　高平市米山镇北边七佛山的阳坡上建有一座定林寺。此寺始建于后唐长兴年间（930—933），曾名永德寺。全寺南北狭长，依地势层叠而建，蔚为壮观。最前端为山门兼观音阁，是重檐歇山顶两层楼阁，内外出抱厦，左右连建掖门和砖木结构的三层钟、鼓楼，气势恢宏，是定林寺的象征。

　　我初次来定林寺时，先是骑着小轮折叠车从河西镇一路到了米山镇，途中已经遭遇了一场大雨。从米山镇爬山至半途中，暴雨又劈头盖脸砸下来，除了套着防雨罩的背包外，全身上下早已湿透，但我不愿半途而废，咬牙顶雨强行前进。后来雨水打得睁不开眼，实在走不了，便躲进路旁废弃的楼房框架内，在破木料堆上抱膝而坐，以待雨停，竟然不知不觉就睡着了。被冷风吹醒后，见雨势减弱，立即又冲入雨中继续前行。本指望雨小了，或许能打伞写生，可惜终归雨势不定，未能如愿，以后又专程再来了一次才画成。

高平市米山镇河东村甘露庵北配殿外景

　　这座庙宇名叫甘露庵，实际上就是一座龙王庙，隐藏在小山村的角落里，坐东朝西，现存建筑多为明清遗留。院北侧的配殿朝向院外的部分却颇似一座楼阁，构造十分独特。其下层插进了已经废弃的水潭中，以不规则的巨大额枋承平坐托举上层，斗栱不与柱头相对，这都是典型的元代建筑风格。在乡村寻古的过程中常会有令人兴奋的发现，不同时代的文化遗产就像散落在大地上数不清的遗珠，等待我去发现和记录。

　　当我走进这座废弃已久的破庙里，穿行在齐腰深的荒草中，房倒屋塌的现状和配殿里停放的棺材都足以令人心惊胆战，而我则习以为常地默默坐在草丛中开始了又一幅作品的写生。

山西省高平市米山镇河东村甘露庵北配殿外景

二〇一四年六月三日上午九时十分——十一时十五分　连达

山西省高平市
米山镇米西村
显圣观

二〇一九年四月二十八日 上午十点——中午十二点四分

连达

高平市米山镇米西村显圣观

　　在高平市米山镇密集的民房包夹之中隐藏着这样一座残破不堪的古庙，村民说这是一座叫显圣观的道观。此庙曾经被改造成仓库，外观门窗和墙壁早已不是旧貌，屋顶也极尽褴褛，从斗栱结构来看，很可能是一座元代建筑。我曾几次来此寻访，都只能望着高耸的歇山顶却无法靠近。终于在本地朋友的帮助下做通了老乡的工作，当被允许进入他家后院里近距离看这座庙时，我还是被它的破烂惨状震撼到了。在淅淅沥沥的细雨中，我坐在霉烂的苞米秸秆堆上，歪着脖子夹着伞为它画下了这幅像。

高平市石末乡双泉村永乐寺

双泉村永乐寺是坐北朝南的两进长方形院落，看建筑风格很显然是清代遗留，但早已荒败废弃，诸多房屋坍塌毁坏，杂草丛生。我初来此时，正殿内墙壁上还有黑板，说明曾经被改做学校使用。但重访时则发现正殿已经被粉刷一新，极是艳丽，宛如新建，已经看不出岁月的痕迹了。

山西省高平市石末乡双泉村
永乐寺
二○一四年十月二十七日上午九时
——中午十二时十分
连达

晋城市大阳镇汤帝庙大殿

汤帝庙是祭祀商朝始祖商汤的庙宇，相传商汤曾在桑林中为民蹈火求雨，因而他在晋东南被尊为雨神。大阳镇汤帝庙大殿是元至正四年（1344）所建，造型粗犷霸气，正面明间以一根弯曲未修的巨大荆木为梁，是庙里一绝。因为跨度大，使用空间变得极其宽敞，人在其中仿佛置身于现代的礼堂内一般。我来写生时，村中老人们正在进行祭祀汤帝的活动，时值中午，还热情地给我分享了他们煮的祭面。很大一碗面刚吃完，就又给盛来满满一碗，我吃得几乎弯不下腰了。

山西省晋城市大阳镇　汤帝庙大殿
时庙中有众多大妈大婶正在诵经纪念汤帝
至午时请我一同吃素面两碗，令人感动！
二〇一二年七月十四日上午九时二十六分——午十二时二十五分　连达　绘

泽州县大东沟镇双河底村成汤庙

　　成汤庙也就是汤帝庙，主神祭祀商汤。双河底村成汤庙位于村西北的高地上，始创年代已不可考，明弘治十五年（1502）《重修成汤庙记》碑中载，"重修始于大观元纪（1107），功成终于宣和二年（1120），考之于史，皆宋徽宗之号也，也有碑可证。"说明此成汤庙至少在北宋便已存在。画中的这座三开间悬山顶正殿就是北宋遗构。

　　在一个春寒料峭的清晨，晋城好友孔伟伟用他的小摩托带着我长途奔波来此，并找到了村里的守庙老人。老大爷见我们大冷天跑了这么远的路连早饭都没吃，赶紧回家拿了很多现烤的地瓜送给我们，令我们大为感动。我也把孔伟伟和老大爷坐在庙前攀谈的情景与这座北宋古庙一起留在了画纸上。

山西省泽州县大东沟镇
双河底村 成汤庙
二〇一五年四月十二日上午九时五十分——十二时七分
连达 绘

二〇一九年四月三十日
下午十五时二十分—
十七时五十分 连达

山西省泽州县大东沟镇北村
娲皇圣祖庙后殿

泽州县大东沟镇北村娲皇圣祖庙后殿

　　娲皇圣祖庙是祭祀抟土造人的人类祖先女娲娘娘的庙宇。北村娲皇圣祖庙共有三进院落，院墙高耸，殿阁层层，巍峨地立在村北的台地上，宛若城堡一般。据庙里明嘉靖十六年（1537）碑刻记载，早在元朝元贞元年（1295）时此庙即已存在，不知创建于何时。现存建筑多是明清遗构，唯后殿结构最为复杂华丽。类似这样的明清时期村庙在晋东南许多地方都可以见到，但格局如此完整的却并不多。

　　一个人静静地坐在如此幽深寂静的大院子里动辄写生一天，真的很考验人的胆量和耐力，而我早就习以为常了。

山西省泽州县大东沟镇黑泉沟村 东岳庙
二〇一九年五月一日下午十五时二十分—
十七时三十分 逢达

泽州县大东沟镇黑泉沟村东岳庙

　　黑泉沟是个偏僻的小山村，本就不多的人口现在已所剩无几，到处可见空荡、破烂乃至塌毁的老房子。行走于村中，有一种眼睁睁看着它消亡却又没有办法的无奈感。整个村里就这座东岳庙还算完整，这是一座清代庙宇，有狭长的四合院，里面都是造型简单僵直的晚清殿堂。这座二层楼阁式山门倒成了全庙最高大气派的建筑。由山门和它对面的戏台以及左右过街楼组成的乡民聚会公共空间现在已经是荒草丛生。破烂的过街楼和墙根下破旧锈蚀的推土机都展现出浓重的颓败感，这也是许多乡村和古建筑现状的一个缩影。

泽州县大东沟镇贾泉村古佛堂正殿

在贾泉村北部的角落里有一座破败不堪的小院子，当地人称之为古佛堂。四周围墙倾颓，院内杂草丛生，走在里面好像穿行在树林中。山门、正殿和配殿都有不同程度的坍塌毁坏。正殿是个面阔三间、进深六椽的悬山顶建筑，显然曾经在正面用砖头砌墙封堵过，应是作过仓库，现在这粗糙的砖墙也倒塌了。令我意外的是里面的梁架竟然还保存完整，看结构是明代所建，可惜早已被人们遗忘了。我坐在院中写生，倒伏的枯草藤蔓淤积得跟我一样高，整个院中都散发着一股潮湿霉烂的气息。

泽州县大东沟镇贾泉村玄帝庙

　　贾泉村中部还隐藏着一座玄帝庙。所谓玄帝，就是道教里位于北方的玄武大帝，也称玄天上帝。北宋时为了避讳宋太祖赵匡胤的父亲赵玄朗的名讳，官方曾改称为真武大帝。贾泉村这座玄帝庙是一个四合院的布局，山门、正殿、配殿、垛殿一应俱全，看建筑风格，除了正殿结构有明代特征外，其余皆晚清和近代所建。正殿檐下的斗栱本有双下昂，不知在什么年代全都被锯掉了。檐柱上的"文革"标语也是一个时代的烙印。现在这个院子荒败不堪，堆满了杂物，村中一些老人平常会聚在院里打牌消磨时光。

山西省泽州县大东沟镇
贾泉村玄帝庙
二〇一五年四月三十日上午八时四十分——十一时二十分　　莲达

泽州县下村镇成庄村成汤庙前殿

　　这座成汤庙是在当地朋友的推荐下从寻古的路上捡回来的。朋友知道我的兴趣点，对于被粗劣修缮破坏原本面貌的古建筑是没有多大兴趣的，所以最初并未推荐我来这里。但当我们从这附近路过时，他还是建议我顺便过去看一眼。我这才发现此庙虽然已经被粗暴地刷成艳俗模样，但其主体造型和结构还是能看出些往昔风骨的。从前殿和正殿檐下的斗栱结构分析，此庙年代很是古老，至少是明代建筑，甚至应该能追溯到元代。前殿门外停放的手扶拖拉机等车辆又给予古庙以当代的元素，这样生动的题材我怎么舍得错过，当然要画上一幅了。

山西省泽州县下村镇成庄村
成　汤　庙　前　殿
二〇一九年五月一日　上午八时二十一十一时十五分
连达

泽州县高都镇西顿村济渎庙

济水是华夏四渎之一，以涓涓之流东去，过黄河而不浊，三隐三现，最终注入渤海。过黄河而仍然清澈符合中国传统文化推崇的高洁品格，因此从汉到宋，济渎神被一路加封至清源王。

西顿村济渎庙只有正殿和东垛殿保存至今。正殿前檐石柱顶端有北宋宣和四年（1122）题记。据碑刻载，宋末时当地计划建"清源王行宫"，石柱已经做好，但遇金兵南下，工程中断。直到近四十年后的金大定元年（1161），当初曾参与筹建的一位名叫焦诚的老人捐出自己的土地，庙宇才得以最终建成。村民还翻过太行山到河南济源的济渎主庙请回了清源王神位，一项跨度近半个世纪的工程终于尘埃落定。我来到这里时，守庙大叔正在修整殿前地面，我将这场景定格在了画中。

山西省泽州县高都镇 西顿村
济渎庙
二〇一四年十月三日
下午十三时三十分——十五时三十分

连达

山西省泽州县高都镇湖里村
二仙庙
二○一四年十月二十五日上午九时二份一中午十二时　　连达　绘

泽州县高都镇湖里村二仙庙

　　湖里村西北现存一座二仙庙，也就是祭祀乐氏二仙姐妹的庙宇。此庙为严整的长方形院落，有山门兼戏楼、献亭和正殿，四周有配殿和廊庑。正殿建于金泰和五年（1205），前边有一座单檐歇山顶四柱式献亭。亭顶巨大，出檐深广，四柱上仅穿一段替木便直接承托粗硕的额枋，颇有金元之风。四柱前面两根为木柱，后两根为明嘉靖年间（1522—1566）两次更换的石柱，三面以石栏板环绕，整体上秀美而大气。

山西省泽州县北义城镇西黄石村
玉皇庙
二〇一四年十月二十九日 上午九时一中午十一时十分　连达 绘

泽州县北义城镇西黄石村玉皇庙

　　西黄石村玉皇庙俗称西庙，是所坐北朝南的大四合院。主殿玉皇殿面阔三间，进深六椽，单檐悬山顶，檐下斗栱古朴硕大、气质浑厚，前廊内外悬满了敬献给玉皇大帝的匾额。两旁有垛殿，东西有配殿。此庙创建于金贞祐元年（1213），本为佛寺，明正德七年（1512）改为玉皇庙，清道光五年（1825）重修。管钥匙的大叔进殿给玉皇大帝上了一炷香，并打开音响，里面传出"大悲咒"的录音，但看他一脸虔诚地擦拭着香案，我能感到他心里对神佛的尊重与敬畏。坚持敬拜打扫庙宇的都是村中的老年人，庙宇的未来不容乐观。

泽州县巴公镇西四义村普觉寺后殿

　　普觉寺破烂地耸立在西四义村南的黄土台地上，现存三进大院，由天王殿、中央大殿、后殿和藏经楼以及两厢的配殿组成。建筑群由南向北逐次升高，错落有致，虽然沧桑破败，但壮观气势犹存。

　　寺院以改造成小学为代价，逃过了被拆毁的厄运，现存殿宇几乎都被改建过。画中的后殿即关圣殿，为明代遗构，面阔三间，进深六椽，单檐悬山顶，檐下斗栱粗壮工整，保存完好。踏过浓密的野草，走进殿内，里面一片阴暗潮湿，脚下瓦砾遍地。走在普觉寺里，穿行在草丛和瓦砾间，望着一个个黑洞洞的门窗，小心翼翼地踏进一座座开裂变形的危房，真有种探险的感觉。

泽州县巴公镇西郜村张家院古民居旧貌

　　泽州县巴公镇西郜村是一座古村，如今一些高墙大院的老宅子虽然残破，但格局犹存。这里的民居有一部分在二层楼外加设前廊，装饰有精美的木雕，画中这座张家院的南房就是如此。当时屋顶已经严重透水变形，开始塌陷，上边杂草丛生，但仍能感受到昔日主人家的富有和建筑的华丽。我有感于老宅的沧桑面貌，画上一幅以留念。可仅四年后，朋友张建军老师告诉我，我画的这座老屋已经被整体卖掉了，我的画成了它最后的记忆。

山西省泽州县巴公镇 西郜村古民居
二〇一三年七月十五日 上午十时一下午十三时十分
连达

泽州县金村镇东南村小南二仙庙神龛

　　小南二仙庙现存两进院落，正殿落成于北宋政和七年（1117），面阔三间，单檐歇山顶。殿内正中有一组精美绝伦的小木作神龛，是与正殿同时期诞生的北宋木构神龛珍品。神龛由一座主龛、两座副龛和一座连接两副龛的拱形廊桥组成，形成了殿阁重重、飞檐比翼、长虹横亘的天宫楼阁效果，让人不由得联想到了《铜雀台赋》中"立双台于左右兮，有玉龙与金凤。连二桥于东西兮，若长空之虹蝀"的诗句。我挤坐在大殿狭窄的角落里，以一种半仰视的极其难受的姿势背对着殿门口投进来的微弱光线，两眼很快就酸痛发花了，这也是我很少画古建筑内景写生的主要原因。

山西省泽州县金村镇东南村
小南二仙庙　二〇一四年六月六日
上午八时—十时十分　连达

阳城县北留镇郭峪村汤帝庙戏楼

　　郭峪村汤帝庙创建于元末，清顺治九年（1652）重修。山门为二层楼阁，门内是倒坐戏楼，平面呈正方形，前檐由两根通檐大木柱支撑，飞檐张扬高挑的歇山顶不由使人联想到金、元时期的舞楼。戏楼左右对称地连建有两个顶部略矮的配楼，既增加了戏楼体量，又簇拥着主体更显壮观。东西两厢是对称的二层看台，每当有大戏时，女眷就会在楼上观看。戏楼檐柱上悬挂对联"演朝野奇闻兴废输赢可鉴，唱古今人物是非曲直当资"，把戏楼的内涵概括得淋漓尽致。戏楼演绎着历史，而其本身又承载着厚重的历史，成为历史的见证和其中的一部分，发人深省。

此庙两番前来
甚是喜爱
荒败之状
更显苍桑

山西省阳城县芹池镇刘西村 崔府君庙
二〇一二年十月七日 下午十五时三十分—十七时三十分 连达

阳城县芹池镇刘西村崔府君庙

刘西村现存一座崔府君庙，祭祀的是能降龙伏虎的唐代长子县令崔珏。院中杂草齐腰，完全荒废了，但整体布局尚且完整。院中央有面阔进深各三间的大献亭，后面是正殿，两侧有垛殿，东西有配殿和廊房。献亭高大宽敞，气势完全压过了正殿，前檐左右两角是圆木柱，中央以两根铁杆支撑。这四柱下的柱础左右是两只石象，中间为两尊石狮，皆背负莲台，承托立柱，看梁架结构，献亭和正殿应是明代遗构。我坐在草丛中忍着蚊子的疯狂攻击为献亭画像留念。数月后惊闻献亭下的两尊石狮柱础悉数被盗，让我在对文物盗窃分子无比痛恨之余，对广大乡村古迹的生存状况充满了忧虑。

山西省阳城县羊泉村
汤帝庙　二〇一三年十月五日下午十四时二十分—十六时二十八分
连达

阳城县芹池镇羊泉村汤帝庙正殿

　　羊泉村北的坡地上现存一座破烂的汤帝庙，尚存戏台、正殿和周围一圈配殿廊庑，院中原有献亭，已被拆除。正殿是元代遗构，近代被用作学校，所以门窗墙壁都被改成仿西式风格。此庙作为学校使用已经是很久之前的事了，现在废弃无人，从朽烂断裂的屋檐就可看出乡村古建筑逐渐走向消亡的趋势。

　　我坐在荒草丛中一直画到了黄昏，逐渐暗淡的夕阳里，阵阵阴风穿过破败的殿堂，发出鬼哭狼嚎般的呼啸，残缺的门扇也给予咯吱吱的配合，真有一种《聊斋》般的场景体验。

山西省阳城县中寨村成汤大庙
二〇一三年十月七日中午十二时十分—下午十四时四十分
连达

阳城县中寨村成汤大庙

　　中寨村中部有一座废弃的成汤大庙，庙门紧锁，我见门板下部距地面缝隙较高，干脆俯身于地，做狗爬状钻了进去。此庙现存山门及倒坐戏台，院子中央是三间悬山顶献亭，后面为正殿，两旁有垛殿，东西有配殿和厢房。画中就是献亭，面阔三间，进深四椽，檐下的斗栱华丽美观，檐柱为圆石柱，柱础是石雕狮象。柱子上还残存有"文革"标语。整座庙宇荒败太久，许多房屋都已倾圮。庙内碑刻记载，此庙建于元中统年间（1260—1263），明清屡有修缮。我画的这座献亭"建造於（清）道光二十三年（1843）三月初九日辰时，落成於二十八年（1848）"。白天村里还是有些行人的，我担心被抓住又要遭到盘查，画完后便蹲在庙门内耐心倾听，感觉路上无人经过时，才以极快的速度再从门下爬出去，拽出背包，拍打尘土，若无其事地离开。

沁水县嘉峰镇窦庄古宅门

　　窦庄傍依沁河，是明代重要的货运码头。明末天下大乱，兵部尚书张五典告老还乡后主持修筑窦庄城堡以御流寇。其子张铨在辽东抗清殉国，也被追赠为兵部尚书。在窦庄西街上有一座高大的四柱三楼牌坊门，斗栱复杂华丽，下嵌横匾"天恩世锡"，再下面原有"兵部尚书张五典张铨"九个字，另在牌坊外侧有"圣旨""旌表"四字，现均已丢失。这座牌坊门雄伟华丽，彰显了主人家尊贵的身份地位，也是一件建筑艺术品，正是古堡的创建者张五典张铨父子老宅的正门。

　　由于牌坊门所临小街十分狭窄，在门外需极力仰观，角度别扭，我便坐在门内巷道旁画了一幅。

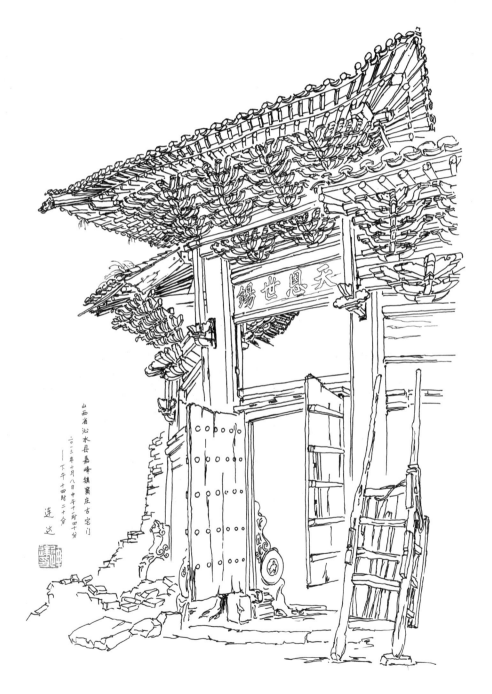

山西省沁水县嘉峰镇窦庄古宅门
二〇一三年十月八日中午十二时四十分
——下午十四时二十分
连达

沁水县嘉峰镇古民居

　　嘉峰镇保存下来的老街区主要集中在镇子的东北部，我几乎是逐门逐户地前去拜访。画中这户老宅里现在居住着好几户人家，他们对我花费两个小时来画这些破旧的老房子虽不理解，但也不排斥，还给我倒了热水喝，可惜老宅的历史已经无人知晓了。此地的四合院式民居都是由两层砖木楼房四面合围而成，这一户的东、西厢房分别在檐下设有木梯，二层与正房的回廊是连通的。可叹当年气派的豪宅现在多半沦为大杂院，并在新农村的建设中逐渐走向了消亡。

山西省沁水县
嘉峰镇
新沃底古宅院
二〇一三年十月十日上午九时二十分
——十一时二十分
连达绘

沁水县嘉峰镇古宅

嘉峰镇汤帝庙东坡下有一片老宅子，被分割成几段，由多户人家共同使用。我画的是原来的内宅门楼，墙上的"（毛）主席万岁"是那个时代的独特印迹。檐下的匾额保存完好，字迹清晰可辨"钦命提督山东全省学政都察院左副都御史加五级记录六次刘权之为 贡元 乾隆乙酉科运学选拔李初华立"。在科举时代，各地的生员（秀才）有成绩优异者升入京城国子监读书，称为贡生，寓意为君主贡献的人才，贡元即是对贡生的尊称。这所院子里现在的主人家十分热情好客，欢迎我来参观，见我要画画，还为我搬来了凳子。

山西省沁水县嘉峰镇古宅一景
二〇一三年十月十日 晨七时五时分一上午九时 连达 绘

钦命提督山东全省学政都察院左副
都御史加五级纪录六次刘权之为 贡 元 乾隆己酉科运学选拔李初华立

晋南是指山西西南部的临汾和运城两市，临汾即古之平阳，运城古称河东，两地皆是中华文明的发源之地。各个历史时期都在这片土地上留下过大量的人文遗迹和建筑遗存，唐、宋、金、元、明、清各朝代的建筑无所不有，其数量之多、跨越年代之长、涵盖形式之广、保存密度之大，堪称古建筑的宝库。

我凭一己之力，四处寻访写生，感受原汁原味的中国古建筑之美和独特魅力，探究其中的历史和故事，践行用画笔记录古建筑的初心。当初我在这一地区因水土不服，曾连续腹泻半个月，几乎死去，但仍然咬牙坚持写生，就是靠着对古建筑的挚爱和为濒危古建筑进行抢救性记录的责任心强撑下来的，至今刻骨难忘。

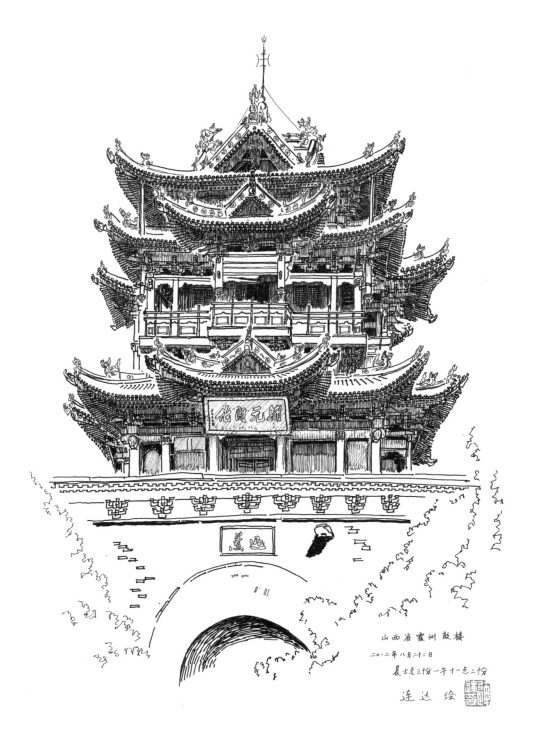

山西省霍州鼓楼
二〇一二年八月二十二日
晨七时三十分一午十一时二十分
连达 绘

霍州市鼓楼

霍州鼓楼也名文昌阁，建于明万历十一年（1583），位于老城十字街中央，通高近30米，分为上下两部分。下部为高大坚厚的砖石城台，开十字穿心门洞。上建三重檐十字歇山顶木楼阁，外观为两层，内部还有一个暗层。此楼主体平面为正方形，面阔和进深各五间，在每层每面的中部各出一个歇山式抱厦，使楼体外轮廓极富变化，形成了飞檐迭起的韵律感。两层楼都设有回廊，进一步增加了楼体的层次，使鼓楼显得玲珑剔透、精巧无比。我在楼前写生时，引得许多人围观，甚至还有坐轮椅的老大爷。为了不阻碍交通，交警还劝走了很多人，帮我维持身边的秩序。

山西省霍州李曹镇杨枣村
普照寺
二〇一二年八月二十七日 十二时五分———十四时二十分 连达

霍州市李曹镇杨枣村普照寺

霍州市李曹镇杨枣村西头有一座极其残破的古寺，名曰普照，原本由山门、正殿、垛殿以及两侧的配殿、厢房组成。现在野草灌木填满了院子的各个角落，东西两侧的配殿和厢房全都塌毁。正殿面阔三间，进深六椽，悬山顶，体量巨大，也极度破败，右半部几乎全部垮塌，正脊下的扶梁签上清晰地写着"大明永乐二年（1404）"。我小心翼翼地坐在大殿的角落里开始写生，真是大气儿也不敢出，生怕一声咳嗽会令这岌岌可危的大殿瞬间彻底崩塌。

洪洞县广胜寺 飞虹塔

　　洪洞县广胜寺创建于东汉建和元年（147），唐大历四年（769）汾阳王郭子仪取佛法"广大于天，名胜于世"之意，定名为"广胜寺"。元大德七年（1303）地震后再次重建。寺院位于中镇霍山南麓，分为山顶的上寺和山脚的下寺两部分。上寺内耸立的飞虹塔是一座八角十三级琉璃塔，高47.6米，由高僧达连募资，于明正德十年（1515）开工，至嘉靖六年（1527）建成，因塔身遍饰琉璃，绚丽异常，宛若凌空飞虹而得名。我深爱此塔，又感于建塔的高僧达连同我名字如此相似，更觉神奇不已。

　　我在塔前写生时，有位在晋南工作的山东人小李边围观边和我攀谈了一阵。待到傍晚我走出山门，惊讶地发现小李坐在路边等我已有数小时之久了。他了解到我独自旅行写生不易，天黑想回城也很难找到车，因此专门等我出来，开车把我带回洪洞县城去。我极为感动，有他乡遇故知的幸福感，这份热心与真诚我至今铭记在心中。

山西省洪洞县广胜上寺飞虹塔
二〇〇六年五月三日十三时四十——十六时十分　连达

洪洞县刘家垣镇东梁村元武楼

元武楼位于东梁村东南角上，通高约 25 米，下部为近 7 米高的巨大方形砖石城台，上建三重檐十字歇山顶两层木楼阁，平面呈正方形，两层皆有回廊。此楼创建于明万历二年（1574），初名"玄武"，清朝为了避讳康熙帝之名玄烨，改为元武。康熙三十四年（1695）地震楼崩，三年后修复。此楼破败不堪，构架倾斜，像个破衣烂衫的老翁。楼内塑像已惨遭斩首盗卖，村人愤恨，见我是个身背大包的外乡来客，格外警惕，不准我靠近此楼。我只好在附近草丛里坐下，为元武楼画像。两位村民一个拎着镰刀，一个扛着锄头，紧紧盯住我，不见丝毫松懈，直到我画完离开，他们才如释重负地回去了。

山西省洪洞县刘家垣镇东梁村
元武楼
二〇一六年五月八日上午八时十分—十时四十分　连达

洪洞县万安镇贺家庄玉皇殿

贺家庄有一座破败的玉皇殿，孤零零地矗立在一大块空地上。此殿面阔和进深均为五间，重檐歇山顶，檐下廊柱用的是遍布硬结的圆柏木，有的柱子已断，老乡只好用砖垒成柱子垫起来。屋檐衣衫褴褛，支离破碎。墙体是用泥砖砌筑，表皮剥蚀脱落，斑驳不堪，好像一件漏出棉絮的破棉袄。虽无确切年代记载，但看风格，应是清代所建。

山西省洪洞县万安镇贺家庄玉皇殿
二〇一六年五月六日上午七时到中午十一时三十分　连达

洪洞县万安镇铁炉庄千佛阁
（望舜楼）

　　铁炉庄东口有一座旧日的村堡门楼，下部是宽大敦实的城台，开有东西向门洞，现在早已沦为垃圾场。上边的木楼阁平面呈正方形，两层十字歇山顶，下部三间，上部一间。门洞东侧嵌石匾"千佛阁"，西侧依稀可辨为"望舜楼"。现在此楼就像衣不遮体的乞丐一样可怜兮兮地立在杂乱的野草丛中和垃圾堆旁。

　　我坐在楼东臭味扑鼻的垃圾堆上，边啃干粮边为楼阁画像。当我的注意力全都投放在古建筑写生之中，无论身边如何脏乱差，都不能阻碍我旺盛的创作热情。

山西省洪洞县万安镇铁炉庄千佛阁（望舜楼）
二〇一六年五月六日中午十一时五十分一下午十三时二十五分
连达

洪洞县龙马乡北马驹村三义庙

　　这座三义庙院子不小，但仅存戏台、献亭、正殿和垛殿，建筑拆改严重，破烂不堪，充满了荒凉气息。正殿面阔三间，进深四椽，悬山顶。献亭为十字歇山顶，悬匾曰"三义庙"，构架已糟朽腐烂，檐椽角梁整体变形，坍塌下垂。三义庙顾名思义供奉的是蜀汉刘关张三兄弟，看建筑风格，是明代遗构，并尚存天启年间碑刻。

　　我坐在院里一株老树下写生，原指望能遮蔽一下暴晒的太阳，哪知树上竟然落下许多的大小虫子，掉到我的头发和领口里，伸手一抓顿时黏糊糊一片，至今想起还感头皮发麻。

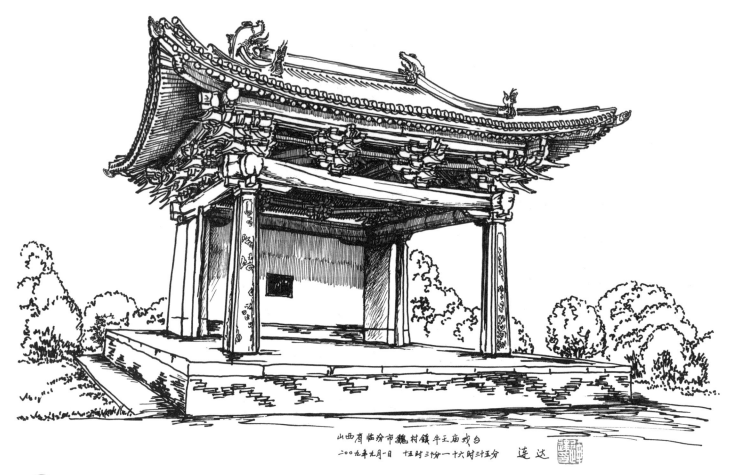

山西省临汾市魏村镇牛王庙戏台
二〇〇九年九月一日　十五时三分一十六时三十五分　连达

临汾市魏村镇牛王庙戏台

　　魏村镇牛王庙始建于元至元二十年（1283），在大德七年（1303）的地震中受损，至治元年（1321）重建。所谓牛王就是民间传说中掌管牛马牲畜并为之消灾祛病的神，宋徽宗封其为"广禅侯"。

　　牛王庙最著名的建筑就是元代戏台了，此台平面为正方形，深广各一间，单檐歇山顶，除了后面和左右两面的后三分之一部分筑墙，其余空间全部敞开，这也是早期戏台的一个重要特征。前檐下的两根石柱上浮雕有"莲花生童子"等吉祥图案，并且明确地镌刻下了始建和重建的时间。整个戏台造型简洁大方，有浓郁的宋金建筑特点，飞檐洒脱高挑，充满了素雅大气的美感。

襄汾县汾城镇鼓楼

汾城镇南大街中央耸立着一座雄伟高大的鼓楼，下部是敦厚坚实的十字穿心城台，其上建有面阔进深各三间的十字歇山顶两层木楼阁，上下皆出回廊。此楼为清康熙四十五年（1706）所建。楼下的南北向老街旧貌犹存，在这里可以找到明清时期的老宅和铺面、"文革"时代的供销社，还有门楣上依稀仍能辨认的毛主席语录，随处可见的岁月印迹连接着汾城悠远的往昔，是这座千年旧县古韵的传承和延续。

汾城我也来过几次了，这回我挤进街边摆摊的商户中间，选了个合适的角度开始写生，嘈杂的街道上仿佛披上了一抹保护色，逛街的人们也许以为我只是在记账，就没有人来围观和询问了。

襄汾县汾城镇文昌祠

　　画中这座六角攒尖顶的两层楼阁严格来说应该叫文昌阁，位于汾城文庙东南角墙外，下部建有高台，曾开辟门洞。虽然现在门洞已被封死，但上边的匾额清晰地写着"文昌祠"，楼阁其实是文昌祠的门楼而已。这座楼阁造型精巧华丽，纤秀飘逸，檐角高高上扬，兼有江南建筑的韵味，于下仰观，更感美轮美奂。祠内供奉着掌管文运功名的文昌帝君，古代学子们都要祈求他庇佑垂青，因此，文昌祠与文庙贡院毗邻而建实在是方便许多。

山西省襄汾县汾城镇文昌祠
二〇一五年九月二十八日
中午十二时二十分－下午十五时四十分
连达

襄汾县汾城镇尉村后土庙

　　尉村是襄汾县名列前茅的大村，现仍有部分堡墙和村门残存。村北广场旁原来还有一座后土庙，现仅存清代戏台和它左右的钟鼓双楼。后土庙就是祭祀后土圣母女娲的庙宇。戏台和钟鼓楼都修建在很高的台基上，虽然只是庙宇的附属建筑，看起来也颇具威严气势，尤其那沧桑凝重的造型很是打动人心。

　　午后的广场上喧闹已经散去，庙前小吃棚中有人蹲在地上收拾碗筷，也有人在给炉子添煤，老乡们与古庙相依相伴，宛若历史的一部分。

山西省襄汾县汾城镇尉村后土庙
二〇一五年九月二十六日下午十四时四十分一十七时十分　连达

襄汾县汾城镇西中黄村春秋楼

　　襄汾县西中黄村春秋楼修建于清道光十八年（1838），通高20余米，平面呈正方形，下部修建在足有房子高的台基上，顶上是砖木结构的两层楼体，一层为砖楼，二层是十字歇山顶木楼。一层外原有回廊，使楼有重檐效果，可惜出檐已经塌毁。二层的木楼部分构架尚好，斗栱密集而华丽，但西北角的檐顶也已经开始朽烂坍塌了。老乡说台基正面原有石阶，村里为了建广场，前些年拆除了。春秋楼属于关帝庙最后一进建筑，前面原有大片庙宇，但早已拆光。

山西省襄汾县汾城镇西中黄村

春秋楼

二〇一五年十月二日上午八时三十分时

连达绘

襄汾县古城镇集贸城内关帝庙牌坊

在襄汾县古城镇集贸城院内耸立着一座三开间庑殿顶式的木牌坊，整体造型敦厚稳健，飞檐向外向上高高挑出，檐下斗栱密集交错，是典型的清代繁缛风格。当心间正面的匾额上书"汉夫子"三字，背面为"智仁勇"，可见牌坊原本是为关帝庙所设置。山西许多关帝庙都直尊关羽为"山西夫子"，与孔夫子并列。现在古城镇里昔日庙宇古迹拆毁殆尽，仅存的这座牌坊便被迁建到集贸城里，大约是祈盼关帝振奋余威保佑商户们发财吧。

山西省襄汾县古城镇
关帝庙牌坊
二〇一五年九月二十五日
早七时二十分—上午十时二十分
连达

襄汾县北贾坊村魁星阁

　　北贾坊村魁星阁建在村堡墙的东南角，此堡为清顺治五年（1648）始筑，原分东西二堡，现仅此遗存。魁星阁是一座八角攒尖顶的两层砖木楼阁，现一层出檐全部垮塌，只剩下一些散乱的木构架还顽强地苦撑着。顶层檐下巧妙地做出了一圈垂柱，使外观更加富于变化，显得匠心独具，但现在也破损严重，并且随着沉重的屋顶整体开始向外倾斜，一派衣衫褴褛、随时欲塌的惨状。

　　我先是坐过路车来到村里，在寂静的巷道里画了好久，逐渐有些老乡围拢过来。我也快画完了，便琢磨跟老乡租哪怕一辆摩托车带我出村。这时眼角余光感觉到有车轮驶到我左后方，大小像是摩托，我心中暗喜，扭头一看，却是一位老汉坐着轮椅来看热闹，搞得我哭笑不得。好在后来几位围观的少年要开车去汾城镇里玩，听说我想搭车，就主动带上了我。

山西省襄汾县北贾坊村魁星阁
二〇一五年九月二十七日中午十二时二十分——下午四时十六分　连达

襄汾县丁村第十七号古宅院牌坊

丁村里许多清代老宅子的奢华装饰超乎想象，木雕、石雕和砖雕不厌其烦地极尽繁琐雕琢之能事，把各类有吉祥寓意的图案加以组合展现，每一所保存下来的老宅子都是一个了不起的艺术博物馆。第十七号古宅就是这样，当我走进去就好像刘姥姥进大观园一样，两眼完全不够用，目之所及，无处不令人咋舌。

画中的木牌坊位于宅子的前院，是清咸丰五年（1855）六月二十四日所立的册封"丁日营、丁殿清"为儒林郎的圣旨牌坊。牌坊立于入口处，是家族尊贵身份的体现，而这种不计成本的奢华装饰又是家财丰厚的展示。

山西省襄汾县丁村第十七号古宅院
牌坊
二〇一五年十月五日上午八时
十五分二十午十三时四十三分

襄汾县丁村第二十二号古宅外门

山西省襄汾县丁村第二十二号古宅外门
二〇一五年十月四日 下午十六时—十八时十分
连达

我有个怪癖，越是开放的旅游区越提不起兴趣，总觉得是属于做过了美容的，不如走街串巷去发现未经整饰的老房子来得真实。画中这座丁村第二十二号古宅门就是我在村中地毯式搜索后发现的。

虽然院子不大，但堡垒一般高大严整的院门相当巍峨气派，拱形的门洞里不但有包铁嵌钉的门扇，门洞上部还建有一座硬山顶门楼，俨然就是个微缩版的城门。门楣上镶嵌有砖雕匾额"敦厚"，这是昔日主人对家风的诠释。门旁随意靠置的木架子车显示了这是一座仍然有人生活居住的院子，保存完好的院门让我对内院的状况充满了联想和期待。

新绛县钟楼、鼓楼、乐楼

　　新绛县城西的高坡上现存三座造型各异的古楼阁，是明代修建的钟楼、鼓楼和乐楼。钟楼位于高岗南端，造型小巧精致，十字歇山顶，内悬金代所铸铁钟一口，足有万斤之重。鼓楼位于钟楼以北约百米的地方，下部是宽大的砖石城台，开东西向门洞，其上建三重檐歇山顶楼阁一座，颇似庄严的城门楼，与南面的钟楼遥相呼应。穿过鼓楼下的门洞，是一条拐向东南的下坡，名曰七星坡。坡底修筑有一座二层乐楼，坐南朝北，是城隍庙的戏台。三座楼上下相呼应，呈三角形排列，是古老绛州城的标志，堪称独具特色的古建筑遗存。

山西省新绛县三官庙
二〇〇七年八月六日　十七时一十九时五分

连达

新绛县三官庙

在新绛县韩家巷西口现存一处小巧的三官庙，只有前面的献殿和后部的正
殿两座建筑，堪称袖珍。三官庙通常供奉的为上元一品赐福天官紫微大帝、中
元二品赦罪地官清虚大帝、下元三品解厄水官洞阴大帝。不过相传这座庙里实
际上供奉的是太上老君、元始天尊和灵宝天尊这三清，有点像一笔糊涂账。献
殿平面为方形，深广各一间，单檐十字歇山顶，前檐下设庙门，两边出短小的
八字照壁。内部构架古拙粗犷，颇有早期遗风。由于庙里被水暖商店占用，墙
壁全被货架和商品挡住，只能从缝隙辨认墙壁上镶嵌的碑刻，其中年代最早的
是落款"大清咸丰九年（1859）"的《三官庙碑》。

新绛县古交镇阎家庄村魁星阁

　　阎家庄魁星阁修建在村子东南的黄土台地上，下部有高大的台基。台基外包砖成片地开裂脱落，露出里面的夯土结构。这些土芯被雨水冲刷得沟壑纵横，并且产生了进一步的坍塌。台上建有两层歇山顶砖木楼阁，看结构应是清代遗物。我来此时，这座楼阁已经严重歪斜变形，下层廊柱倾倒，屋檐塌落，颓然伸出的椽子让我想起了济公所用的那把破扇子。上层失去了下边的支撑，构架整体扭曲并歪向一边。当时正是中午，虽然还饿着肚子，但看到如此破败的楼阁呈现在面前，我还是立即开工写生，不愿有半点耽搁。拨开楼下浓密的灌木丛，半蹲半跪地蜷缩在瓦砾堆前，以一种虔诚的姿态仰视着岌岌可危的楼阁，在烫人的烈日下咬牙坚持为魁星阁留下了这幅画像。

　　后据朋友反馈，2021 年 10 月的秋雨中，这座魁星阁最终倒塌了。

山西省新绛县古交镇阎家庄村
魁星阁
二〇一五年四月二十八日中午十三时三十分一下午十四时二十分
连达

新绛县北张镇北杜坞村龙王庙钟楼

北杜坞村北部有一片大院子，院东南角上修建有一座单檐歇山顶钟楼。之所以觉得这座钟楼很特别，是因为楼前还有一座带有西式元素的两层楼高砖砌院门，正中央的大门和左右两侧呈八字排列的墙上部都设有尖顶造型，立柱的上中下也各镶嵌腰线，这种所谓的仿欧式风格与纯中式的歇山顶钟楼出现在一起，视觉对比效果还是很强烈的。

我在大门前仰面观察，横匾上依稀可辨出"北杜坞学校"的油漆字迹，许多石料也是古老的石碑。当地老乡告诉我，这里本来是一座龙王庙，后来改建成学校，庙里也没剩下什么了，只有钟楼是老样子。

山西省新绛县北张镇北杜坞村
龙王庙钟楼
二〇一五年四月二十六日
中午十二时二十分～下午
十四时十分 连达 绘

新绛县泽掌镇光村福胜寺大雄宝殿东侧明王像

　　光村福胜寺创建于北齐天统元年（565），金大定三年（1163）朝廷赐名"福盛院"，后更名为"福胜寺"。明弘治十六年（1503）大修。现在全寺坐北朝南依次有山门、天王殿、大雄宝殿、后殿等建筑。

　　大雄宝殿面阔和进深各五间，重檐歇山顶，内部保存有完整的满堂元明彩塑。画中的明王像位于扇面墙背面的东侧，在观音像身旁。明王在佛教中是佛祖愤怒的化身，他们是智慧、威望的象征，随时准备出击消灭一切邪恶势力。东侧的明王应为马头明王，他左脚踩踏烈火飞腾的如意轮，右脚腾空，六只手臂各执法器，长发飘散，怒目裂眦，张着大嘴如在咆哮，极具威猛撼人之势。

山西省新绛县泽掌镇光村福胜寺大雄宝殿东侧明王像
二〇一五年四月二十九日下午十五时五分—十六时四十分
　　连达　绘

稷山县稷王庙

　　稷王庙是祭祀农神后稷的庙宇。后稷姓姬名弃，是轩辕黄帝的玄孙，周朝的始祖，在尧舜时期负责农业管理，教化万民稼穑耕种，被后世尊为稷王、农神。将掌管土地的社神和后稷并称为社稷，是国家的象征。稷山县稷王庙创建于元至正五年（1345），现存为清道光十六年（1836）重建，主体建筑有山门、献殿和钟鼓楼、后稷楼、泮池、献亭和供奉稷王母亲的姜嫄殿。画中表现的就是献殿和左右相峙的钟鼓二楼，是全庙的精华部分。

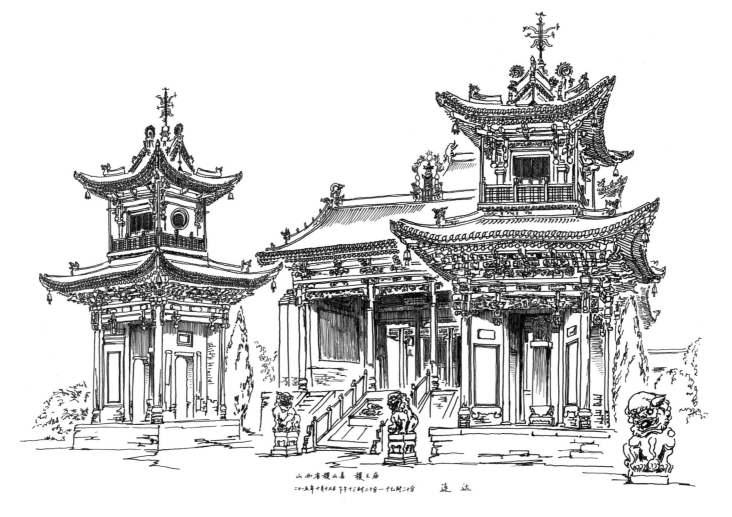

山西省稷山县　稷王庙
二0一五年十月十二日下午十三时二十一十七时二十分　　连达

稷山县稷峰镇太杜村社稷庙牌坊

太杜村广场上保存有古庙的大殿、垛殿各一座，画中的牌坊在广场西南角上，东西向而立，是旧日的庙门，其余建筑已毁。牌坊面阔三间，庑殿顶，两次间狭窄，全部遮罩于明间羽翼之下，檐下的斗栱层叠密布，令人眼花缭乱，是牌坊最精彩夺目的部分。原有匾额已经毁掉，老乡说曾悬挂"社稷庙"牌匾。牌坊还有精致的木雕装饰和石刻楹联。下边一对石狮已被砸碎，用铁丝勉强捆绑在一起，虽然残破，但余威犹存。

我一大早赶到这里立即开始写生，引得村里许多晨练的老汉们围观，他们也不做运动了，把我围了个里外三层，特别热情地争相给我讲述庙宇的往事，甚至在有分歧的时候都争执起来了。

山西省稷山县稷峰镇太杜村
社稷庙牌坊
二〇一五年十月十五日上午九时二十分
——十时三十分　连达

稷山县稷峰镇武城村段氏节孝坊和碑楼

武城村段氏节孝坊建于清道光七年（1827），旁边的碑楼里竖立着三座方柱形的段氏家族德行碑。牌坊和碑楼的每个部分都雕刻得巧夺天工，于是成了盗贼眼中的目标而屡遭毒手。因牌坊明间的石匾以榫卯形式与周围的立柱横梁紧密咬合在一起，盗贼难以得手，竟丧心病狂地将牌坊上部品字形排列的三座歇山顶全部推倒，杀鸡取卵般地卸走了石匾。我到来时见满地摔碎的石构件断茬还很新，惨剧应该在几天前刚刚发生。我只能坐在庄稼地里用画笔记录下牌坊和碑楼的惨状，却又遭到了本村文保员的严厉盘查，真是无可奈何。

山西省稷山县稷峰镇武城村段氏书节孝坊及碑楼
二〇一五年十月七日下午十三时十分—十七时甲分
连达

稷山县清河镇上费村李氏兄弟散粟义行碑亭

　　上费村有一座精美的砖雕碑楼，是清道光二十八年（1848）当地乡民为感谢本村富户李文魁（字安邦）、李武魁（字定国）兄弟的散粟义行而建，"散粟"指闹饥荒时为乡亲们开仓放粮。碑楼通高 8.3 米，完全用砖雕仿木结构建造，身材高挑，最上部的歇山顶和一圈三昂七踩斗栱好像一顶花冠，砖雕之精美奢华堪称晋南地区同类建筑中的翘楚。碑楼身形高大，制作精细，保存也基本完好。

山西省稷山县
清河镇上费村
李氏兄弟散粟义行碑亭
二〇〇五年十月九日上午八时
一十半十二时
连达

稷山县太阳乡勋重村王氏节孝坊

　　勋重村有一座高大的砖砌牌坊东西向跨建在路上，为四柱三楼歇山顶式结构，下部修建在坚厚的砖石台基上，通高 10 余米。牌坊只在明间开设可供通行的拱门，上置"节孝坊"巨匾，落款"大清道光四年（1824）仲春榖旦立"，下部有题记为"旌表已故处士赵廷栋之妻王氏节孝坊"。砖雕仿木斗栱精彩华丽，其下还有许多砖雕人物、瑞兽、花卉和左右次间墙壁上镶嵌的麒麟图案，巍峨华美又别有新意。我在写生时所见村民大多是风烛残年的老人，尤其见到一对相互搀扶的老两口从牌坊下走过，赶紧记录在画中，既对比出了牌坊的高大，也是农村老龄化的一个侧面反映。

河津市小梁乡西梁村双碑楼

西梁村中保存有一对并列而立的砖雕碑楼，是清代本地阮氏父子的德行碑，两座碑楼尺度基本一致，通高都在 10 米以上，平面呈正方形，下部建在约 2.6 米高的砖石平台上，为四面开敞的单檐歇山顶造型。檐下的斗栱、雀替和匾额等都用砖雕仿木结构雕琢得惟妙惟肖，极尽精致。碑亭内立方柱式德行碑，西侧为阮廷实的《皇清例赠武德佐骑尉乡饮耆宾阮翁讳廷实字充吾号信卿德行碑》，东侧为其子阮凌云的《皇清儒学生员乡饮介宾阮公讳凌云字仙梯号从龙德行碑》。落款时间在光绪乙亥（1875）至己卯（1879）之间，这也就是建立碑楼的时间。

山西省河津市小梁乡西梁村
双碑楼
二〇一五年十月十日 上午九时一下午十三时　连达

山西省绛县文庙大成殿
二〇一五年十月十九日 下午十三时十分——十六时十分画
连达

绛县文庙大成殿

　　绛县文庙始建于五代后唐长兴三年（932），现在这里是绛县博物馆所在地。画中的大成殿为明代遗构，是一座面阔和进深各三间的单檐歇山顶建筑，平面近乎正方形，结构严谨，体量不大，从檐下密布的斗栱即能感受到大殿古拙的美感。

　　之前我在乡下画一座庙，守庙老人自豪地说他们村有一位雕塑师很厉害，并很快把他找来和我交流。这是一位40多岁的粗壮汉子，他打开庙里几座殿堂请我欣赏他新塑的佛像，后来又带我到家中看尚未完成的泥坯，请我指点。我只是说挺好，他不依，非要我指出不足，说自己看着有些问题，又说不清问题出在哪儿。我见他确是真心，就告诉了他"站七坐五盘三半"的人体比例，他恍然大悟，茅塞顿开，执意请我吃午饭，并开车把我送到了绛县文庙继续写生。

山西省绛县横水镇乔寺村
碑楼
二〇一五年十月十八日
中午十二时三十分一下午十六时
连达

绛县横水镇乔寺村碑楼

乔寺村北农田边耸立着一排坐西朝东的巨大砖碑楼，高约 15 米，宽也在 17 米左右，厚度近 3 米，面阔五间，单檐歇山顶，体量之巨堪称冠绝三晋。碑楼以砖石仿木结构修造，处处布满了精美华丽、巧夺天工的雕刻装饰，美轮美奂，让人叹为观止。这是乔寺村富商周禄在的后人于清道光十七年（1837）为他所建，他发迹后不忘乡里，常常接济帮助他人，并带动本乡发展壮大，因而德名远布，去世时，乡里感念其恩德，众议成此碑楼。

我坐在碑楼对面的田埂旁开始写生，附近阵阵农家肥的气息令我几乎作呕，却也只能咬牙坚持，时间一长，竟然也就适应了，闻不到了。

绛县南樊镇西堡村李氏节孝坊

李氏节孝坊为五间六柱七楼式，通高 10 余米，明间两侧分别向外伸出八字形次间，既加强了牌坊的稳固性，又增添了层次与美感。明间做出了重檐楼阁的效果，檐下悬圣旨匾额，镶嵌"旌表"石牌。过梁下南面有横匾"彤管扬休"，北面为"季兰誌嬳"，再下是"诰授中宪大夫贾凝端之继妻李恭人节孝坊"。牌坊是石雕仿木结构，周身上下极尽华美装饰，几乎做到了无死角的全方位雕琢。此坊建于清嘉庆九年（1804），由"贾凝端之继妻李恭人"的孙子，时任山东盐运滨乐分司司运的贾宗洛奉圣旨为奶奶所建。我在晋南见过很多石牌坊，深感质量与此接近者，不及其完整，保存完整者又难敌其奢华。

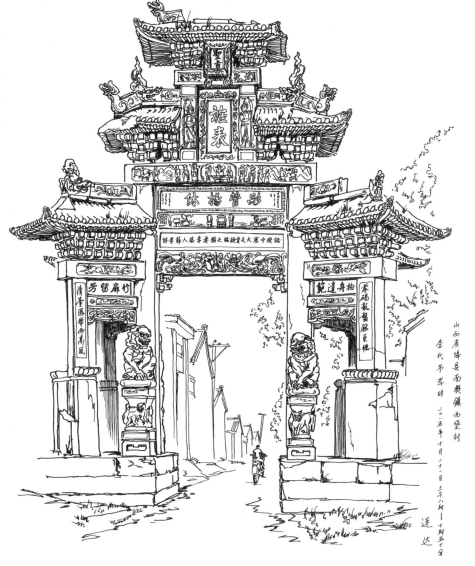

山西省绛县南樊镇西堡村　李氏节孝坊　二〇一五年十月二十二日上午八时一十时五十分　连达

山西省绛县卫庄镇张上村
太阴寺大雄之殿
二〇一五年十月二十日上午八时一十时二十五分　连达

绛县卫庄镇张上村太阴寺大雄之殿

张上村太阴寺现存北殿和大雄殿两座建筑。此寺创建于唐永徽元年（650），金大定二十年（1180）重修，元大德元年（1297）再次大修。1916 年遭遇火灾，唯大雄殿独存，北殿是后来从别处整体迁移过来的。大雄殿为金代遗构，是晋南地区少有的金代巨殿，面阔五间，进深六椽，悬山顶。整体构架工整严谨，仰观有磅礴之势。檐下悬巨匾，书"大雄之殿"。经过元大德七年（1303）的河东大地震，晋南的元以前古建筑几乎被摧毁殆尽，屈指可数，所以太阴寺大雄殿就更显弥足珍贵。据碑文记载，金朝高僧慈云、法澍就是在这里刻印了著名的金代大藏经《赵城金藏》。

闻喜县东镇保宁寺塔

东镇有一座残破衰败的砖塔颓然屹立于西街村小学后面的深巷中，这就是保宁寺塔。此塔创建于唐开元六年（718），北宋治平二年（1065）重建。1938年，日寇对东镇进行了狂轰滥炸，保宁寺塔深受重创。此塔为青砖砌筑，残高29米，尚存六层，最下层是方形塔座，檐下设砖仿木五铺作斗栱。其上是八角形塔身，各层叠涩出檐，塔顶已经倒塌，塔刹无存，状况极其惨烈。

为了画下此塔，我头天晚上就赶到东镇住下。第二天一早和上学的孩子们一起在街边小店买了两个茶叶蛋充饥。身披潮湿的雾气来到塔下，宝塔震撼灵魂的沧桑感令我深为感动，千年更迭仿佛直陈眼前，怀古之情不能自已。我赶紧把茶叶蛋一股脑塞进嘴里，开始为古塔画起来。

山西省闻喜县东镇 保宁寺塔

二〇一五年十月十六日 上午七时四十—九时五分

连达

闻喜县郭家庄镇孙氏节孝坊

郭家庄保存着一片清代本地望族仇家的家族墓石雕碑楼和节孝牌坊，数量之多，质量之高，十分罕见。年代从清同治九年（1870）一直延续到了民国十六年（1927），是一个家族辉煌过往的真实写照。画中的石牌坊跨建在路中央，通高10余米，为五间六柱六楼式。最顶层檐下双面悬挂圣旨牌，第二层檐下东面悬匾"丝纶焕"，西面为"冰霜清"。明间枋板镌刻"节孝坊"，下部字牌为"诰授奉直大夫提举司仇嘉谟之母孙宜人建坊"。

我围绕着石牌坊拍照绘画，乡亲们则早已见怪不怪，自顾认真地在路上晾晒丰收的玉米，冰冷的石坊下充满了浓郁的生活气息。

山西省闻喜县郭家庄镇
孙氏节孝坊   二〇一五年十月十九日上午十一时一下午拉肘四恰   连达

翼城县木牌楼

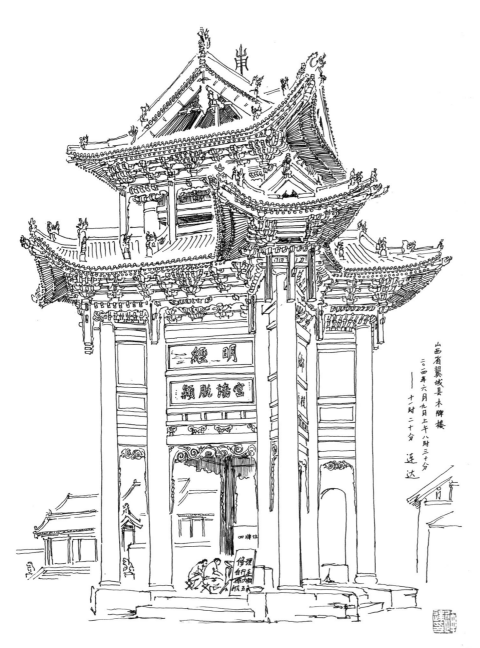

山西省翼城县木牌楼
二〇一四年六月九日上午八时三十分
——十一时二十分　连达

翼城县老城十字街心有一座木结构的四面牌楼，俗称木四牌楼。这座建筑高大华丽、宏伟壮观，最上层为巨大的十字歇山顶，四根金柱各自向外斜出一小间，每一小间顶上都建有一个山面朝外的歇山顶，并与牌楼各面的第二层出檐相连接，使牌楼有了重檐楼阁的效果。其体量之巨大让人惊叹不已，身临其下，更感牌楼挺拔壮美，如琼楼之拔地而起。木四牌楼始建年代已不可考，现存者为明万历四十一年（1613）重建。

我前一日在中条山里写生，连续奋战，极度疲惫，收拾东西时，竟然把一盒笔都忘在了山里。今日无笔可用，赶紧跑去文具店买了几支签字笔，没想到写生时竟然也得心应手。

翼城县石牌楼

翼城县北街上有一座单檐十字歇山顶四面石牌楼，相当于由四座单面牌楼和围而成，俗称石四牌楼。四根立柱又各向外斜刺里延伸出一个小间，使牌楼的每个立面看起来仍是传统的四柱三间样式，既增加了美观性，又加强了稳定性。牌楼下仍可通行车辆行人，除了顶部的木结构十字歇山顶外，其余部分都是以坚硬的青石雕凿而成，表面浮雕有精美繁琐的图案。这座牌楼创建于明万历三十九年（1611），由时任监察御史的本县人史学迁修建，两年后他又重建了不远处的木四牌楼。

山西省翼城县石牌楼　二〇一四年六月九日 晨六时二十分一八时十分

连达 绘

翼城县中卫乡中卫村玉皇楼

　　中卫村街心有一座四面式过街牌楼，叫玉皇楼，未经修缮，保持了沧桑古朴的风貌。这座四面牌楼因为在上层曾经供奉有玉皇大帝的神位而得名。这只是一座寻常村中的过街牌楼，用材比较随意，造型更显粗犷，甚至柱子都未修直就拿来使用了。因柱子低矮，更反衬出十字歇山顶的巨大，好似在街心撑开了一张遮阳伞盖。此牌坊重建于康熙五十四年（1715），相传可能初建于明朝天启年间。我把带我来到这里的朋友梁国杰也画了进去，以对比玉皇楼的体量。

山西省翼城县中卫乡中卫村玉皇楼
二〇一五年四月二十四日下午十五时四十分一十七时三分
连达

曲沃县感应寺塔

曲沃县老城西关外现存一座残破的感应寺塔。此塔只剩半截，上部开裂成左右两半，当地人称之为西寺塔或裂破塔。感应寺创建于北宋嘉祐五年（1060），即西寺，金大定五年（1165）增建宝塔。此塔原是八角十三级空心砖塔，在元大德七年（1303）地震中，顶上四层塌落下来，余下的塔身从二层以上自拱形门窗部位裂成两半。清顺治十年（1653）进行了清理和加固，使塔余高七层。

山西省曲沃县感应寺塔
二0一五年四月二十九日 晨七时五十分一上午九时二十分　连达

曲沃县曲村镇白冢村碑楼

　　白冢村南耸立着一座巨大的砖碑楼，魁梧的身影老远即可望见。这是清道光九年（1829）本地傅氏家族所建的神道碑楼，面阔三间，单檐歇山顶，高度近10米，宽度也有7米多，周身上下各部位的石雕、砖雕极尽奢华装饰，使碑楼呈现出一种繁缛而不庸俗的华贵气质。也正因此，碑楼被无耻的窃贼所觊觎，构件被盗毁严重，甚至下部四角和背面的石雕柱础也被偷走，使碑楼有随时栽倒的危险。我来到这里时，既被其高大和精美所震撼，也被其惨遭破坏的现状所震惊。

山西省曲沃县曲村镇白冢村碑楼
二〇一五年四月二十九日　十三时十分—十五时十五分　连达

曲沃县四牌楼

　　曲沃县城东南的十字街心现存一座梦幻般美好的木结构四面牌楼，虽名叫牌楼，实际上更像是一座楼阁，是明万历四十三年（1615）由该县富商李济沇为了纪念将自己抚养成人的继母修建的望母楼。牌楼通高约12米，底面为正方形，飞檐迭出，美不胜收，好似花团盛放，又泰然稳固，仅以看起来细弱的几根柱子就托起了上面沉重而巨大的殿阁造型。每层檐下都有纤巧而密集的斗栱和垂柱，雕琢之华美，匠心之细密，令人叹为观止。

　　我于酷热之中坐在牌楼南侧一巷口写生，连续奋战五个小时。正午的暴晒令我几乎中暑，浑身汗出如浆，连续喝了三瓶水仍觉头昏脑涨。晋南五月下旬的炎热使我这个东北人已经深感不适了。

山西省曲沃县四牌楼
二〇一五年五月二十一日 九时一十四时二忻 连达

侯马市牛村董氏砖雕墓后室

　　牛村发现了金明昌七年（1196）的董海砖雕墓。我有幸钻进了墓室内，墓门打开时，一股潮气裹着一团蚊子扑面撞来，逼得我赶紧退避。墓由前后两个墓室组成，前室如同庭院，后室是墓主人的居所。砖雕上还保留有大量彩绘，历经800多年，依然明艳。后室正面墙上是墓主人夫妇的宴饮图，有侍女伺候，桌上汤盆、食盒与桌下倾倒的酒瓮显示着这是一次丰盛而酣畅的宴会。东墙上浮雕隔扇门，西墙是墓主人骑马出行的景象。砖墓以写实的手法表现了一个金代富裕人家的居住和生活场景，像是一座暗藏于地下的博物馆，一段凝固的历史和一出永不落幕的戏剧。

　　我蹲坐在狭窄的墓室里，在一盏昏黄的小灯泡照耀下画了多半日，往常只画地面上的建筑，此番竟然画到了墓室里，绝对是新鲜、刺激、难忘啊！

山西省侯马市牛村董氏砖雕墓后室
二〇一五年十月十四日上午九时五十分一下午十四时王怡　连达

侯马市张少村卫氏节孝坊

　　张少村的旧工厂里现存一座高大华丽的青石牌坊，隐藏在院子西北角杂草和垃圾的包围中，好像一位隐士。牌坊是晋南常见的五间六柱七楼式，雕琢精细。横梁上呈品字形，设有三座歇山顶，簇拥着竖匾"旌表"。顶层檐下高悬圣旨牌，出檐宽大，檐角高挑，坚硬而不僵硬，颇显灵动气质。两根明柱外侧又分别斜向各出八字形两个次间，把明间楼顶烘托得尊贵突出。明间梁下镌刻着"赀赠中宪大夫监生卫复隆之妻恭人卫氏节孝坊"，时间为"大清道光岁次甲午（1834）春三月中瀚穀旦立"。牌坊下部的石狮子和楹联等多已被窃，但依旧不影响牌坊本身的魁梧和华丽。

山西省侯马市张少村卫氏节孝坊

二〇一五年十月十五日 上午十时一十四时四十分 连达

万荣县东岳庙飞云楼

　　飞云楼位于万荣县东岳庙山门之内，为四重檐十字歇山顶三层木楼阁，通高约 23 米，一层平面呈正方形，为进出庙宇的主要通道。第二层和第三层的构造相似，在四个立面中部各凸出歇山式抱厦，层叠比翼出挑的飞檐使楼体立面呈现出丰富的变化。令人眼花缭乱的斗栱托举于平坐和飞檐之下，如祥云之簇拥，似花朵般绽放。最上部覆以高耸且巨大的十字歇山顶，比例恰到好处。整座飞云楼裸露木料本色，不施彩画，尽显古朴气质，巍峨中兼具精巧，秀美间彰显大气，实在是现存传统木结构楼阁中的极致之作。

　　我为了一气呵成这幅作品，决定中午不出去吃饭了，一直坐在楼东侧的廊下连续画。当地朋友见我这么拼，去买了饭送给我，我为了节约时间，一边端着饭盒猛吃，一边围着飞云楼跑圈，以活动久坐僵硬的双腿。然后再坐回来继续画，连续奋战 8 个多小时才完成了这幅写生。

山西省万荣县东岳庙飞云楼

万荣县荣河镇庙前村后土庙 秋风楼

　　后土祠是祭祀后土圣母女娲娘娘的庙宇，万荣县后土祠雄踞黄河之滨的高岗上，现存戏台、献殿、正殿以及东西五虎殿等建筑。正殿后面是因收藏汉武帝《秋风辞》而得名的秋风楼，是全庙最雄伟美好的建筑，为清同治九年（1870）所建。楼共三层，一、二层四壁筑砖墙，三层则为全木构造，各层都有回廊。一、二层各面的中央均出歇山顶抱厦，楼顶为十字歇山顶。楼体周身不施彩绘，露出古拙凝重的原木本色，有一种宽厚沉稳的气质，与西北苍茫的黄河相映衬，使人自然生出无限怀古之幽情。

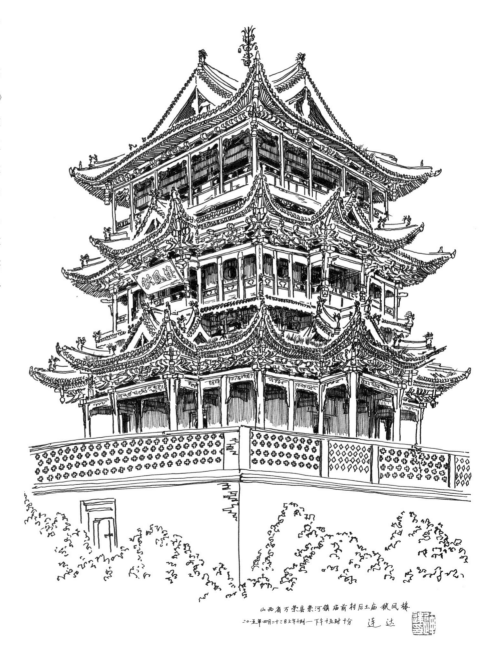

山西省万荣县荣河镇庙前村后土庙 秋风楼
二〇一五年四月二十三日上午十时一下午五时十分　连达

运城市解州镇关帝庙御书楼和崇宁殿

　　解州古称解梁，是武圣人关羽的家乡，解州镇关帝庙是与山东曲阜孔庙相呼应的天下第一武庙，现存建筑为清康熙五十二年（1713）重建。中轴线上有端门、雉门、午门、山海钟灵坊、御书楼、崇宁殿、气肃千秋坊、春秋楼等建筑。御书楼是三重檐歇山顶两层木楼阁，康熙帝所题"义炳乾坤"被收藏在楼内，因而称为御书楼。楼北就是关帝庙的正殿崇宁殿，取宋徽宗封关羽为崇宁真君之意。此殿面阔七间，进深六间，重檐歇山顶，廊下皆为石雕盘龙大柱。崇宁殿和御书楼组成了解州镇关帝庙中部最重要的一组建筑群，是关帝老爷的朝堂之地，也是万民祭拜之所。

　　我多次来到庙中写生，很喜欢这里建筑的恢宏华丽与宫殿般的威仪之气。这幅写生共画了一天多，克服了大量游人的围观干扰和树木对建筑物的遮挡，少吃饭少喝水少上厕所，才终于得以完成。

山西省运城市
解州关帝庙
御书楼、崇宁殿
二〇二六年四月二十四日—二十八日
起一日半绘成
连达

运城市解州镇关帝庙气肃千秋坊

　　解州镇关帝庙最后一进建筑群是由气肃千秋牌坊、春秋楼及两侧的刀楼、印楼组成的紧凑院落。春秋楼是清朝晚期重修的两层歇山顶楼阁，因供奉关帝夜读春秋的塑像而得名。左右的刀楼和印楼都是三重檐十字歇山顶的两层木楼阁，意为供奉关帝青龙偃月刀和汉寿亭侯官印的地方。春秋楼前的气肃千秋牌坊体量巨大，为三间四柱歇山顶式木牌坊，檐下密集的斗栱堪称匠人至高技艺的全面展示。这组建筑成了全庙的最高潮和最好的收尾。

　　这幅画我足足画了一整天，从早上关帝庙开门即跑过来开工，直到晚上关门才匆匆收工。为了尽可能少上厕所，虽然天气炎热，我也只好忍着尽量少喝水，实在渴了就很少地抿一口水润一润嗓子。

山西省运城市解州镇关帝庙
二0一六年四月二十六日 上午八时四十分一一修竣 十七时二十分　连达

永济市蒲州镇蒲津渡唐代铁牛

　　在蒲州古城西门外的黄河故道上有一处蒲津渡遗址，这里曾是跨越黄河连通晋陕的咽喉要道，现在遗址处出土有一组唐代铸造的铁牛和铁人，其中有四头铁牛排成前后两对，每头牛旁还站立一个牵牛的铁人。这就是铸造于唐开元十三年（725）的蒲津渡黄河浮桥遗物。当时的技术无法在黄河上修筑固定的桥梁，只能修浮桥通行。铁牛和铁人用以固定牵拽浮桥的铁链。每头铁牛重达50余吨，每个铁人也有3吨重。清代黄河向西改道，蒲津渡被废弃。近代黄河再次东移，铁牛和铁人被淤埋在地下，直到20世纪80年代才被再次发现。

山西省永济市蒲州镇蒲津渡唐代铁牛

二〇一六年四月十八日上午九时十分——十时三十七分　　连达

永济市中条山栖岩寺塔林全景

　　栖岩寺创建于北周建德（572—578）年间，初名灵居寺。隋仁寿元年（601）更名为栖岩寺，因高居中条山巅，称为上寺。后在山腰建中寺，山脚下建下寺，唐玄宗还曾亲临寺中避暑礼佛，可谓盛极一时，直到近代才遭毁灭。寺南边的历代高僧塔林尚存，但多年前塔林背靠的黄土山崖崩塌，将塔林淤埋。我来时，当地正在对塔林发掘清理，尚且完整的塔和仅存遗址的塔基已超过50座，还有一座圆塔是唐代遗物。我夜宿山顶工棚里，连画两日，用画笔留下了塔林刚刚出土时的直观印象。

山西省永济市韩阳镇下寺村东南
中条山栖岩寺，创于北周，兴于隋唐，
延续至清。今寺已不存，只有塔林
尚在。各代高僧墓塔可见者近
一千座，淤埋着尚未知之。

戊戌端午后二日于京华
宅秋成　延远

山西省永济市中条山
尧王台
二〇一六年四月二十六日
上午十时许至午后一时
十三期干千坤
连达

永济市中条山尧王台

永济市中条山上有一道向北突出的山梁叫尧王台，相传这里曾是尧帝迁都平阳前的居所，清代称"尧峰"。上面自南向北分布着玉皇庙、祖师庙和三皇庙的遗址。三座庙以一条小路串联在起伏不定的山梁上。画中为祖师庙，尚存山门和正殿，为砖雕仿木结构，墙体高大厚重，屋顶已毁，其余两庙也大体如此。在抗战时期，中国军队与日寇曾血战尧王台，庙宇即毁自那时。

我登上山顶，闷热的天气使我所带的两瓶水很快喝完，严重的干渴令我嘴巴喉咙里几乎连口水都要枯竭了。当时真有即将脱水之感，又舍不得半途而废，仍然坚持把画完成。当我走上祖师庙台阶时，竟意外地在台基和倾倒的石碑夹角里发现了半箱未过期的矿泉水，赶紧取了两瓶来喝，真是甘甜无比，堪称救命水啊，心中也更多了一分敬畏之情。

芮城县广仁王庙

　　广仁王庙耸立在龙泉村北高岗之上，后可远借中条山苍茫之势为靠，前则眺望芮城大地广袤的田野乡村，是中国现存三座唐代木结构建筑之一。古时庙前有清泉涌出，滋养灌溉四方沃野，古人因之建庙，祭祀掌管云雨甘泉的青赤黄白黑五方龙王。为首的青龙被封为广仁王，庙也叫作广仁王庙了。此庙建于唐元和三年（808），重修于大和六年（832），面阔五间，进深四椽，单檐歇山顶，结构简练质朴、粗犷大气，是中国现存年代第二古老的木结构建筑，也是中国现存唐代建筑中唯一的道教庙宇。

山西省芮城县广仁王庙
二〇一五年四月十七日 上午八时一九时六分　　连达

芮城县永乐宫无极之殿

　　永乐宫创建于蒙古定宗贵由二年（1247），原址在芮城西南黄河边的永乐镇，因此得名永乐宫。世祖忽必烈中统三年（1262）赐名"大纯阳万寿宫"。1959年修建三门峡水库时，为了避免永乐宫被淹没，国家花了五年时间把建筑群整体搬迁至芮城县北的今址。现存山门、无极之门（龙虎殿）、无极之殿（三清殿）、纯阳之殿（吕祖殿）、重阳之殿（七真殿）等建筑。除了堪比宫殿般的高等级建筑外，永乐宫最著名的是各殿内精美的壁画，尤以无极之殿壁画《朝元图》最负盛名。

　　我住在永乐宫附近，在这里连续画了好几天，把每一座大殿都留在了画纸上。当我坐在午后暴晒的阳光下，不管不顾地写生的时候，连看守大殿的工作人员都深受感动，几次劝我到殿里休息一会儿，避避暑，别晒坏了。

芮城县城隍庙前殿

　　芮城县城隍庙面积不小，保存较好。寻常的城隍庙多是明代以后遗留，但芮城县城隍庙竟然为宋元遗构，真是不同凡响。院子前部有一座元风十足的殿堂，面阔五间，进深三间，单檐歇山顶，前后明间开木板门，正面两次间为破子棂窗。檐下设单杪五铺作斗栱。粗硕不规则的大额枋和几根粗细不齐甚至歪斜扭曲的柱子把元代晋南地区粗犷到近乎疯狂的建筑风格展现得淋漓尽致。此殿原本是给正殿里城隍神献祭的香亭和乐楼，后来加上门窗，改造成了前殿。

山西省芮城县城隍庙
二〇一六年四月二十三日 中午十二时四分一下午柱阴十分　连达

芮城县城隍庙正殿

　　芮城县城隍庙正殿面阔五间，进深六椽，单檐歇山顶，前檐连建献殿。《芮城县志》记载，城隍庙创建于北宋大中祥符年间（1008—1016），正殿即是北宋原构，已有千年之寿。因后世增修的献殿把正殿前面完全遮住，所以无法得见正殿的全貌。正殿正面檐下设双下昂五铺作斗栱，其余三面檐下单杪单下昂五铺作和双下昂五铺作设置较为随意，穿插使用。在正殿东墙外堆放陈列了众多历代碑刻与石雕，应该是从别处收集抢救回来的古建筑上的旧物，数量庞大，蔚为壮观。

山西省芮城县城隍庙

二〇一六年四月二十三日
下午十五时四十分—十九时二十分

连达

晋中

　　所谓晋中是指山西省中部地区，包含吕梁市、太原市、晋中市和阳泉市等地级市。这一地区历史积淀极其厚重，孕育过多个对中国历史有重大影响的王朝，也滋养壮大了明清时期汇通天下的晋省商人，更是保存着数不清的历代建筑杰作。

　　西起吕梁山，东到太行山，纵横在晋中的日子，有看不完的古迹画不完的庙，那种陶醉之感使我把日晒风吹雨淋的奔波和每天大量写生的辛劳全部抛在脑后，哪怕屡屡吃闭门羹，甚至被野蛮村民围攻，我都仍然一往无前地抓紧每一段在山西寻古的时间，为更多的古建筑留下珍贵的画像。

吕梁市离石区鼓楼

离石老城鼓楼平面呈正方形，下部砖石城台辟有十字穿心门洞，上边朝南建有一座单檐歇山顶殿堂，门窗被改为仿哥特式尖拱造型。鼓楼创建于明万历年间，清代改为关帝楼，1949年改成烈士陵园的烈士楼，正脊中部的脊刹换成了铁制的五星镰刀锤头标志。后来烈士陵园迁走，鼓楼再无人问津，楼前曾有一座歇山顶献亭，已垮塌在地，成了垃圾堆的一部分。楼前几株柏树无人修剪，肆意生长，和下边堆满的垃圾杂物，把楼的正面全堵住了。旁边一座五层楼房新建不久，外墙与鼓楼屋檐几乎要挨在一起了，衰败的鼓楼如一位垂暮无力的老者，难以抗衡，睹之凄然。我只能坐在污水流淌的空地上，主观去掉那些疯长的杂草和树木的遮挡，给鼓楼画出一幅尽量完整的全貌。

山西省吕梁市离石区鼓楼
二〇一七年七月四日十八时—十九时三十分
连达

山西省方山县大武镇东坡村西方寺
二〇一八年四月十日下午九时四十分一下午
十四时四十五分 连达

方山县大武镇东坡村西方寺

东坡村的山坡上坐东朝西有一座叫西方寺的破庙，其破败惨状在山下很远就能看见。山门已塌，围墙也几乎倒光，现存一座正殿、一座配殿和垛殿。正殿面阔三间，进深六椽，悬山顶，用材古拙厚重，有早期建筑遗韵。曾被改做学校，墙上的黑板仍在。明间正脊下清晰地写着"岁大明成化陆年（1470）"，掉落在地上的琉璃脊刹字牌上赫然写着"岁大元至元三年（1337）"，说明此庙创建于元，重修于明。殿顶现在多处坍塌，屋檐则全部朽烂脱落。

我坐在春寒刺骨的小山村荆棘丛中，寒冷使我的右手几乎不听使唤，身体也不住地颤抖，简直难以画下去了。但转念一想，这样的地方，这样的破庙，谁知道以后还有没有机会再来，岂能半途而废。强迫自己咬紧牙关也要完成画作。

柳林县锄沟村真际楼

柳林县南山脚下的锄沟村街巷曲折，高低错落的房屋把山坡上下都挤满了，附近几栋高楼还在施工。我在狭窄的小巷深处找到古韵十足的真际楼时，充满了不可思议之感。

这是一座十字歇山顶两层砖木楼阁，一层低矮，面阔进深皆三间，出檐宽大厚重。二层仅一间，比一层更高。四周围栏上设有数量不等的立柱支撑起远远出挑的屋檐。楼前的维修碑上说真际楼创建于明正统七年（1442）壬戌，后多次重修。最后一次大修是清同治三年（1864）。楼里供奉有佛祖和观音、文殊、普贤等菩萨。

我环顾四周，在杂乱的小巷内，高楼的近逼下，这衰微的真际楼还能存在殊为不易。我坐在污水横流的巷子里，在孩子们的打闹声中为这座耄耋的楼阁画了一幅像。

山西省柳林县
锄沟村
真际楼
二〇一七年七月九日
十四时十分一十六时四纷
连达

孝义市中阳楼

　　孝义老城北关窄窄的街上耸立着一座插天般的巨楼，其挺拔之姿在低矮的单层民房和店铺映衬之下犹如鹤立鸡群一般格外夺目，这就是中阳楼。此楼通高约 23 米，是一座平面呈正方形的四层全木结构过街楼阁。一层最为高大，其上楼身则渐次收分，层高逐渐缩矮，最顶层为十字歇山顶，密集花哨的斗栱把各层檐下都装点得花团锦簇、雍容富贵。此楼屡建屡毁，现存者为清宣统元年（1909）重建。

　　在夏季干热的午后，我足足画了四个多小时才完成作品，一位路过的大婶看到后兴奋地对人讲："你看他画得多美啊，把那些疙瘩瘩（斗栱）也画出来了！"

山西省孝义市中阳楼 二〇一七年六月二十六日 十五时四十分——二十时五分　连达

汾阳市东阳城村三结义庙

东阳城村现存一座三结义庙，已荒废很久了。此院坐北朝南呈长方形，南半部的建筑已经毁掉，尚存正殿和前边的过廊，东西两侧有配殿。正殿面阔三间，门窗只剩下黑乎乎的窟窿。屋脊的琉璃构件被偷了个精光，壁画基本被盗割干净，檐柱之下，柱础全部被盗。殿前原有一排南北向的过廊，与正殿呈垂直排布，前端曾耸立着一座木牌坊，极为美观别致。可惜我来写生时，牌坊已经倒掉，连同过廊的前半部一并塌了。

我在闷热的夏日，坐在窑洞式的西配殿内满地的瓦砾堆上，宛若坐在闷蒸的笼屉里，浑身的汗水止不住地往下淌。我坚持画下的这幅写生果然成了庙宇毁灭过程中的一个记录。再后来我听说，剩余的过廊已经彻底塌光了。

（三结义庙旧貌照片由汾阳市田忠民老师提供）

山西省汾阳市
东阳城村
三结义庙
二〇一七年六月二十八日四时十分
一七时十分
连达

汾阳市基督教教堂

　　汾阳市基督教教堂由美国牧师文阿德于清宣统二年
（1910）主持修建，包括祷告堂、钟楼和附属建筑。当时正
是庚子国难之后，西洋文化和宗教全面进入中国内地，反
映在教堂建筑上便是颇为有趣的改良造型。教堂房屋格局
是西式设计，但中国传统的硬山顶、卷棚顶和攒尖顶以及
屋脊瓦作一应俱全，带有浓郁的中式风格。最为独特的则
是那高高耸立的塔楼，20米高的哥特式塔楼顶上奇异地覆
盖着一座中国特色的十字歇山顶，好似一个身穿西装的人
头上戴着一顶道冠，与欧式教堂常见的高塔尖顶形如巨锥
般的塔楼真是迥然相异，既是一种文化的融合，也是一个
历史时期的见证。而塔楼下随意停放的汽车更是把我的思
绪一下子从国难蒙尘的回忆中拉回到欣欣向荣的现实里。
在一次看似寻常的写生里，我的心仿佛经历了大起大落和
大悲大喜，祖国百余年的近代史和奋斗史有如直陈于眼前，
顿时感慨万千，心潮澎湃。

山西省汾阳市
基督教教堂
二〇一七年六月二十七日
十三时五十分一十七时
四十分
连达

汾阳市南薰楼

汾阳老城南关十字大街中央耸立着一座古香古色的南薰楼，是四重檐十字歇山顶的两层木楼阁，通高约 17 米，平面呈正方形，面阔进深皆为三间，第二层檐上置平坐，明间檐下悬匾"南薰楼"，喻为和煦的薰风从东南方吹来，取吉祥之意。

此楼是创建于明弘治十三年（1500）的过街楼，万历二十二年（1594）改建为佛阁，后来将道家的三官和真武大帝等也一并列入供奉。随着城市面貌的改变，昔日在民房簇拥下横跨在街道上的过街楼如今变成了街心环岛上的一座地标，也是汾阳这座千年古城特点鲜明的形象代表。

山西省汾阳市 南薰楼
二〇一八年四月十五日 中午十一时许——下午十四点五十分

连达

山西省汾阳市上庙村
太符观山门
二〇一七年六月二十九日 八时三十分—十一时三十分 连达

汾阳市上庙村太符观山门

上庙村保存着一座完整的道教建筑群太符观，创建于金承安五年（1200），现存山门、正殿、东西配殿，是整个汾阳乃至吕梁市现存最完整、最珍贵的古建筑群，不但殿宇年代久远，更有三堂完整的彩塑和壁画保留了下来。画中即是太符观的山门，一座精巧的三门并列悬山顶木牌坊，是典型的明代晋中地区建筑风格，端庄凝重，繁而有度，华而不俗，给太符观以先声夺人的雍容气质，令初到者赞叹不已。

山西省汾阳市上庙村太符观昊天玉皇上帝之殿

二〇一七年六月二十九日 十四时三十分——十七时五十分

连达

汾阳市上庙村太符观昊天玉皇上帝之殿

　　太符观的正殿修建在有月台的砖石台基上，面阔三间，进深六椽，单檐歇山顶。檐下设双杪五铺作计心斗栱，高高托起上扬的檐角，划出优美的弧线。明间开木板门，门上排列着花朵形的门钉，两次间为宽大的直棂窗，门上悬匾"昊天玉皇上帝之殿"。整座大殿都是金代创建太符观时的原物，一派端庄肃穆又华贵典雅的堂皇气韵，继承了北宋的风雅，有从骨子里散发出的尊贵和大气，给我一种直面阅千年的洞明与舒畅。

汾阳市杏花村镇小相村药师七佛多宝塔

小相村北高地上有一尊古塔挺拔高耸，分外夺目，这就是灵岩寺药师七佛多宝塔。当年梁思成和林徽因夫妇曾在《晋汾古建筑预查纪略》中对灵岩寺和多宝塔有过详细的记述。可惜现在寺院早已毁灭，唯塔独存。此塔通高约36米，为八角十三级密檐楼阁式造型，下面几层较高，再上则逐渐变矮，塔身向内收分，从第九层起到顶变为密檐式。在一层南向开塔门，二层南墙无门，只在上边镶嵌一块匾额"药师七佛多宝佛塔"，上款为"皆大明嘉靖廿七年（1548）七月初三日吉日建立"。

沧桑变换间，我追寻先贤的足迹，为古建筑画像，给未来留追忆，上承先辈，展望将来，当更加勉力前行。

山西省汾阳市杏花村镇小相村药师七佛多宝塔

二〇一八年四月十六日中午十一时二十分一十三时

四十分　连达

文水县穆家寨净心寺

穆家寨东北角有座净心寺，坐北朝南而建，仅剩下正殿和东配殿两座建筑。正殿是元代遗构，面阔三间，进深四椽，悬山顶，后墙和后檐坍塌，但正面看起来似乎还是完整的。我从好友贾非的照片里得知了净心寺的存在，可还是来晚了。一场大雨后，佛殿屋顶前坡整个倒扣下来，摔在殿前，化为一片瓦砾堆。成朵的斗栱仍旧紧凑地拼组在一起，只是更加糟朽，其间生满了杂草。我来时正穿着短裤和凉鞋，也顾不得许多，径直向残垣断壁间深一脚浅一脚地搜寻，腿上被杂草荆棘刺得伤痕累累。

虽然大殿已经无法挽救了，但我觉得还是要做个记录，对于一座元代建筑的消亡我不能无动于衷。第一次到来也是最后一次邂逅，净心寺归于尘土，永远地逝去了。

山西省文水县穆家寨 净心寺
二〇一七年七月一日九时——十一时 连达

文水县石永市楼

石永村街中央耸立着一座古香古色的市楼。此楼平面呈正方形，通高约17米，为三重檐十字歇山顶两层结构，各面均为三开间，一层跨建在街上，较为高大，下部可通行车马。楼的西南角设有木梯。二层出平坐，有回廊。楼内举架很高，空间开敞。楼顶各面檐下分别悬挂"南阳楼""极北斗""永光楼""白云台"等牌匾。碑刻记载市楼于明弘治，清康熙、乾隆、光绪十七年（1891）都曾大修过。石永市楼堪称隐藏于乡村中的一座建筑瑰宝，虽名不见经传，不为外人所知，却也难得地守住了质朴的原貌。

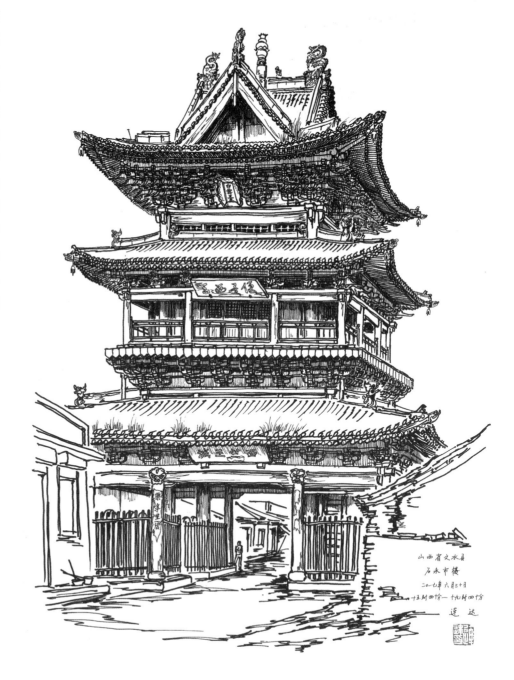

山西省文水县
石永市楼
二〇一七年六月二十日
十五时四十——十九时四十分
连达

交城县卦山天宁寺毗卢阁

卦山位于交城西北方，这里满目葱郁，尤以形态各异的古柏闻名于世。走进卦山，好似到了仙家福地，其中最大的古建筑群便是天宁寺。此寺创建于唐贞元二年（786），现存多为明清遗构。主体有山门、千佛阁、大雄宝殿和毗卢阁。画中的毗卢阁是全寺地势最高也最宏伟的建筑，为清康熙四十七年（1708）重建，是面阔五间、进深三间、三重檐歇山顶的两层砖木楼阁。

我在暑热里坐在午后的斜阳下为大阁写生，即使头戴伞帽，左手也举伞遮蔽，仍感浑身灼热，好像空气都火辣辣的，几乎喘不过气来。脸上的汗水顺着脖颈流下来，久之则脖子前边的皮肉都有被灼伤之感。

山西省交城县
卦山天宁寺
毗卢阁
二〇一七年七月二日
十五时一十七时三十分
连达

灵石县静升镇文庙魁星楼

　　静升镇文庙的魁星楼是当地的标志性建筑，很远就能望见。文庙最早创建于元至元二年（1336），现存者为清代重建。由照壁、棂星门、泮池、大成门、大成殿、寝殿、尊经阁以及魁星楼等建筑组成。棂星门是四柱三楼悬山顶的石雕仿木结构牌坊，旁边有六角四级盔式顶的魁星楼作为呼应。此楼纤细高挑，既有江南建筑秀美之风韵，厚重的盔式顶又兼具西北的粗犷风情，在晋地十分罕见。

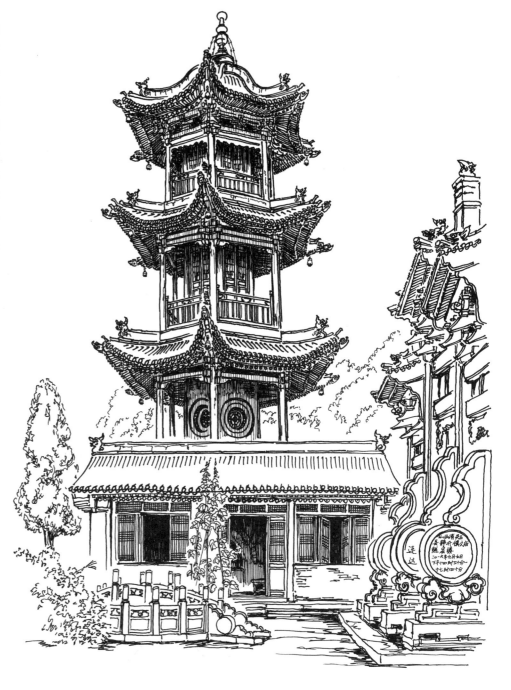

山西省灵石县静升镇后土庙
二0一六年九月九日上午九时三十分——十时三十分
连达

灵石县静升镇后土庙

　　静升镇后土庙的明正德五年（1510）《平阳府霍州灵石县静升里重修古庙记》所载，此庙创建于蒙古忽必烈至元三年（1266），"皇天后土圣母居此殿之中，左五岳而右四渎"。再根据正殿梁下的一条题记"大元大德八年（1304）七月十四日重修毂旦"可知，此庙应是大德七年（1303）河东大地震时被毁，一年后重建。此庙坐北朝南，最前端是山门兼倒坐戏台。院子中央有一座巨大的四柱歇山顶献亭，用材粗硕，三下昂六铺作斗栱雄健密集，结构精妙复杂。最北端是三间六椽悬山顶的正殿。我来此时，庙里正在大修，许多人热火朝天地奋力工作着。我踩着雨后的稀泥在一块略干的地面上坐下来开始写生，耳朵里灌满了挖掘机和气泵的轰鸣声。

山西省灵石县马和乡晋祠庙
二〇一六年九月七日下午十六时四十分——十九时
连达

灵石县马和乡晋祠庙

马和乡有一座晋祠庙，是祭祀晋国始祖唐叔虞的庙宇，创建于元朝至正三年（1343），明清两代屡有修缮，新中国成立后被改做醋厂使用，近几年才得到恢复。此庙是一座不小的四合院，坐北朝南，最前端为清代楼阁式山门兼倒坐戏台，两旁配有钟鼓楼。院子中央是一座体量庞大的四柱歇山顶献亭，结构雄健，不施彩绘的质朴外表下有一种低调的雍容气度。院子最北端是正殿。

山西电视台公共频道要拍摄一部我寻访写生古建筑的纪录片，我和摄制组在高铁站会合后即按照我的原计划来到马和乡晋祠庙。我坐下写生，摄像师就对着我开始拍摄。这是我第一次"触电"，从来没有过的紧张感令我面红耳赤，一度差点不会画了。

介休市文庙棂星门

　　介休市文庙始建于唐，现存为明清遗构，所剩只有棂星门、大成殿及少量附属建筑。棂星门是四柱三楼歇山顶木牌坊，檐下设密集华丽的斗栱，为清代建筑风格。现在文庙是实验二小学所在地，棂星门被作为校门使用。

　　我刚开始写生不久，一场小雨忽然袭来，我只得躲到路对面一家小店局促的屋檐下，左手举着伞，尽可能护住画板，整个人几乎蜷缩成一团，好像缩进壳里的蜗牛一般，仅能从伞和画板的缝隙间偷眼看着棂星门。正值放学，门前的家长和孩子们甚是喧闹，也都像看傻子一样望着我。

山西省介休市实验二小学
校门——文庙棂星门
二〇一六年九月十八日下午十三时
十九时三十分　延达

介休市草市巷五岳庙

　　五岳庙在介休老城东南隅草市巷，明景泰七年（1456）建，清乾隆二十八年（1763）重建。巷子里现在有一所小学，庙就在小学东边。五岳庙顾名思义就是将道教的五岳大帝一同奉祀的庙宇，以东岳天齐大帝为尊。此庙坐北朝南，最前端是照壁，左右设有掖门即为庙门。庙内有一座两层倒坐戏楼，楼北侧二层为面阔五间的演出台口，檐下斗栱密集紧凑如怒放之花，悬匾"海屦楼"。院子东西两厢长长的廊房曾被改成教室，北边是献殿和正殿。献殿的华丽超过了正殿。檐下的斗栱更让人眼花缭乱，叹为观止。献殿曾被用作教室，加装了门窗，现在废弃已久，玻璃也碎了许多，空荡荡无人问津。

　　我展开长卷，从右向左逐渐画过去，足足一整天方把这一院好庙尽收入画中。虽被暴晒得头昏脑涨，久坐使身体疲惫不堪，心情却倍觉愉悦。

山西省介休市草市巷　五岳庙
二〇一六年九月十九日上午八时一傍晚十八时十分
莲达

介休市后土庙

　　后土庙位于介休老城的西北角，是一大片恢宏壮丽的道教宫观建筑群，也是介休现存等级最高的一组古建筑群，由前部的三清观和后边的后土庙两部分组成。三清观的主体建筑三清楼背后是后土庙的两层倒坐戏楼。三清楼、倒坐戏楼以及两侧钟鼓楼组成的建筑群是全庙内最复杂也最具观赏性的部分。倒坐戏楼对面是后土大殿，为后土圣母神祇之所在，殿顶上覆盖着金黄色的琉璃瓦。碑刻记载"大明正德十四年（1519）创建三清楼，嘉靖十三年（1534）重建后土庙"，画中表现的就是后土大殿和倒坐戏楼。

　　我来写生时，发现庙内公厕竟然关闭，如果想解手，只能把东西全收起来，到庙外很远的地方找公厕，既耽误工夫又十分不便。这里下班也很早，当天根本画不完，于是第二天我再次买票进庙。为了不上厕所，头天晚上我就不敢喝水，又足足憋了一整天，这才完成此画作，真是痛苦至极。

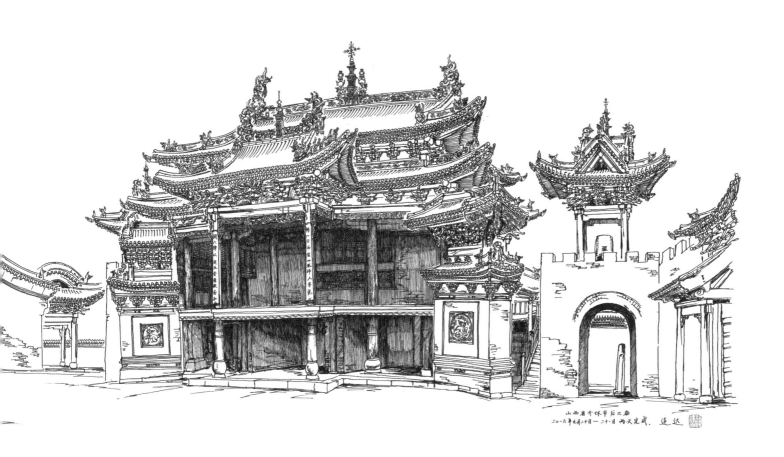

山西省介休市后土庙
二〇一六年七月二十日—二十一日两天完成．　连达

介休市祆神楼

　　在介休老城保存下来的古建筑中，祆神楼是翘楚之作。外城东门内有座三结义庙，祆神楼即耸立于庙前，由庙内的三重檐两层歇山顶倒坐戏楼和跨建在庙外的三重檐十字歇山顶两层过街楼共同组成。两者呈"凸"字形布局，东西向的街道自楼下穿过。此楼建于清康熙七年（1668），外立面层次丰富，结构精妙，令人有眼花缭乱之感，酣畅淋漓地展现出中国古建筑的结构与装饰之美。

　　我亦几次来过这里写生，此番中午先是参加了本地一个朋友的婚礼，因不舍得荒废宝贵的下午时间，又跑来祆神楼前画了一幅。

山西省介休市义棠镇西刘屯村

镇河楼北侧

二六年九月十三日

上午八时十一时三十

莲达

ⓘ休市义棠镇西刘屯村镇河楼

西刘屯村镇河楼所镇者是汾河。此楼造型奇特，修建在村中十字路口旁，是一座过街楼，分为南北两部分，北高南低。北楼三重檐两层歇山顶，一层分三间，当心间最宽，以通行人车，二层设平坐回廊，最上覆重檐歇山顶。南楼与北楼紧连在一起，宽度相当，也是两层歇山顶，更像是整座镇河楼突出的抱厦。楼下明嘉靖十九年（1540）的《新建镇河楼记》载"镇河楼筹工于正德辛未（1511），断续多年，始成大功，楼上供奉有玉皇圣像。"

在村庄里得见这样一座结构复杂、装饰华丽的楼阁，有大出意料之感。虽然寻古多年，常有这种体会，但还是兴奋感慨不已。

介休市绵山镇兴地村回銮寺

介休市绵山脚下有个兴地村，现存一座古刹，名曰回銮寺。相传始建于唐，是唐太宗拜佛后回銮之处，北宋建隆三年（962）重建。寺院呈南北向长方形布局，最前端的山门为现代复建，院中央有天王殿一座，院子最北端一字排开三座殿堂，核心便是大雄宝殿，面阔五间，进深六椽，悬山顶。殿内采用减柱造，梁架高举，用材粗犷，有"大元国至大元年（1308）重建"的题记。寺中僧人宽厚和善，见我如苦修行者一般只顾专注写生，已到饭点时仍不停笔，便主动邀请我共进斋饭，饭后再画。虽是一顿素食，对于饥渴疲惫的我也是雪中送炭之情。

山西省介休市绵山镇兴地村

回銮寺

二〇一六年九月十五日
上午八时五十分至下午十四时四十分

连达

介休市宋古乡韩屯村关帝庙

　　韩屯村现存一座关帝庙，是我在介休周边乡村寻古过程中所见到的特别古朴沧桑的庙堂之一。此庙坐南朝北，面阔三间，进深四椽，悬山顶，为典型的清代建筑。日久年深，村子地面抬升，使得殿门严重下洼，现在进门要先下台阶。檐下斗栱形如怒放的花束，耍头雕成龙头和象头状，雀替也做成游龙宝象。屋顶上生满了如同长发一般浓密的野草，五条脊也掉了个精光。两山面博风板和悬鱼上竟然还镶嵌着大面积的琉璃浮雕，虽开裂损坏，但多半尚存，宛若一个琉璃陈列展，既有剔透欲滴的光洁，也有洗尽铅华的沉稳，更有宛如新生的明艳，诉说着昔日琉璃之乡实至名归的极高造诣。

山西省介休市
宋脏乡韩屯
关帝庙
二〇一六年九月十四日
上午八时五十一—
十时五十分
连达

山曹介休市宋贻乡
西段屯 文庙牌坊
二〇六年九月十四日
下午十五时——十八时三十分

莲达

介 休市宋古乡西段屯文庙牌坊

　　西段屯有个幼儿园，院子里神奇地耸立着一座造型雍容、雕琢华丽、结构繁复的四柱三楼歇山顶式木牌坊。牌坊后面还有一座面阔三间的硬山顶殿宇，依稀有明代特征。墙根处立有一块县级文保碑，叫作文庙。牌坊给我的感觉是头特别沉重，密集斗栱更具有一种似乎要炸裂的视觉冲击。明间上还镶嵌有一块木匾，写着"崇福寺"，这令我感到诧异。那么这里到底是文庙还是崇福寺呢？时过境迁，当地老乡也说不清楚了。

介休市洪山镇石屯村环翠楼

石屯村现存一座桥楼，虽然流水已尽，河床淤积，但这座北方罕见的桥楼却保存下来了。这是一座三孔石桥，因建此桥时周围林木环绕，翠色盎然，遂名为环翠桥，楼阁亦名环翠楼。楼顺桥身而建，是面阔五间、进深三间的两层歇山顶楼阁，在顶部又加盖一座十字歇山顶，使环翠楼有了三重檐效果，可谓奇思妙想，匠心独运。此楼创建于明嘉靖十九年（1540），虽然楼阁尚在，但周边早已环翠杳然，水流干涸，三个桥洞也被淤埋大半，垃圾腐臭气息不时飘来。在晋省之内此等桥楼存世极少，却沦落到这般境地，真是明珠蒙尘，暴殄天物。

村中另有一座已经坍塌一半的源神庙，我欲拍照时即被村民辱骂围攻，说是前一阵子刚丢了构件，见我操着外地口音，还背个大包，必定不是好人，根本不容我分说，揪住领子就给我几记老拳。后来找来了村支书，我也赶紧给介休当地的朋友打电话求援，经过一番交涉，这才得以脱身。

山西省介休市洪山镇
石屯村 环翠楼
二〇一六年九月十七日上午十时一下午十四时小憩
连达

平遥县市楼

　　平遥古城南大街北部建有一座市楼，是三重檐歇山顶两层木楼阁，通高18.5米，造型纤秀典雅，远追宋明风韵。一层面阔和进深均为三间，跨建在大街上空。二层设平坐勾栏，做出优美的束腰效果，楼内供奉关帝和观音。楼顶覆黄蓝交错的琉璃瓦，鸱吻上还插有如金步摇一般的神鸟宝树铁刹。市楼为清康熙二十七年（1688）建，是平遥古城内的最高建筑，耸立于连片的平房之上，显得格外挺拔高峻，远远地和南北两座城楼等几个制高点相呼应，勾勒出了古城的天际线。

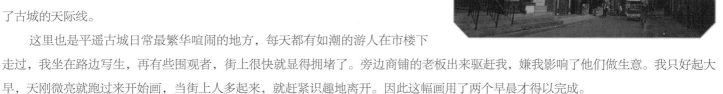

　　这里也是平遥古城日常最繁华喧闹的地方，每天都有如潮的游人在市楼下走过，我坐在路边写生，再有些围观者，街上很快就显得拥堵了。旁边商铺的老板出来驱赶我，嫌我影响了他们做生意。我只好起大早，天刚微亮就跑过来开始画，当街上人多起来，就赶紧识趣地离开。因此这幅画用了两个早晨才得以完成。

平遥县洪善镇郝洞村镇国寺

　　郝洞村有座五代十国的北汉建造的镇国寺，现存两进大院，南北向狭长，左右对称。最前端是山门兼天王殿，为元代遗构。中间是万佛殿，面阔三间，单檐歇山顶，殿顶极为巨大，檐下双杪双下昂七铺作斗栱比例夸张，用材极其粗犷雄强，高度占了檐下通高的二分之一，好像张开了宽广双翼的巨鸟一般，一股烈烈的阳刚之气扑面而来。脊樽下清晰地保存着"维大汉天会七年（963）岁次癸亥叁月"的墨书题记。殿内彩塑也是同时代之物，满满的唐代遗风。万佛殿是中国现存五座五代时期木结构建筑中最重要的。

　　画中的左边就是万佛殿，右边为元代山门兼天王殿，这幅长卷我用时两天方才完成。因为村里无处住宿，我只能跑到好远的镇子上住宿。又因为本地早上根本没有卖早餐的，我只好提前买了两个又干又硬的饼子备着，边走边吃，到寺前也吃完了，正好开工作画。

山西省平遥县洪善镇郝洞村
镇国寺
二〇一六年九月二十五、二十六日其一天中绘成 连达

平遥县清虚观白虎神像

平遥古城东大街临近东门内的路北侧有一座规模宏大的道教建筑群清虚观。创建于唐显庆二年（657），原名太平观，北宋更名为清虚观，元朝赐名"太平兴国观"，清朝仍改称清虚观。由最前端的牌坊和山门、龙虎殿、献殿、正殿、玉皇阁以及两侧的配殿等建筑组成。龙虎殿是元代的山门，面阔五间，进深六椽，单檐歇山顶，前后出廊，因在前廊下左右分别塑有青龙和白虎神将的坐像，而得名龙虎殿。

山西省平遥县清虚观
白虎神像

二〇一六年九月二十三日
下午十七时五分——十八时二十分　连达

山西省平遥县清虚观
青龙神像 二〇一六年九月二十三日
下午十五时—十七时 连达

平遥县清虚观青龙神像

青龙和白虎两尊神像通高都近5米，是明代作品。两位尊神相对而视，环眼圆睁，气势威猛，头戴束发冠，全身披挂华丽的铠甲锦袍。青龙神执画戟，白虎神持利剑，身后披帛飘舞之中其所化身的青龙和白虎也相对舞动，相互呼应，形象逼真，生动传神。有这两位全副武装的神将守门，心中有鬼之人到了龙虎殿前估计就会双腿发软。

平遥县双林寺千佛殿韦驮像

双林寺创建于北魏，初名中都寺，北宋时改为双林寺。前院有天王殿、释迦殿，两侧分别建有钟鼓楼，东西两厢为罗汉殿、关帝殿和阎罗殿、土地殿。第二进院为大雄宝殿，东有千佛殿，西有菩萨殿，后院还有娘娘殿。双林寺最大的看点就是彩塑，各殿内的明代塑像可以比肩国内任何寺院和博物馆中的珍品，是一座伟大的艺术宝库。最著名的是千佛殿中观音身前的韦驮立像，身高大约1.6米，面容饱满，双目炯炯，顶戴虎头盔，身着山文甲，身体呈由左向右转动的瞬间，神态威严中带有一丝儒雅，冷峻里透露出沉稳与智慧，被誉为"天下第一韦驮"，堪称双林寺的象征。

我在殿内刚拿起相机拍照，从监视器中即传来大声呵斥："禁止拍照！"吓得我一激灵，相机都差点掉到地上。我心里不忿，拿起画板开始写生，然后瞥了一眼监视器，那里再也没有发出声音。

山西省平遥县双林寺千佛殿韦驮像

二〇一六年九月二十九日
上午九时三十分——中午十一时三十分 连达

祁县贾令镇镇河楼

　　贾令镇南口耸立着一座巍峨的砖木楼阁，名叫镇河楼。此楼创建于明初，现存为嘉靖年间所建，取镇压附近昌源河、乌马河水患之意。楼通高约17米，下部有半米余的砖石台基，外观为四重檐歇山顶的两层楼阁，二层出平坐腰檐。两层之间还藏有一个暗层，实际上共有三层。镇河楼体量宏伟、华丽端庄，耸立于古镇上空，昔日曾被誉为"昭馀胜景"。相传庚子国难（1900）时，慈禧太后和光绪皇帝逃往西安的途中就曾从镇河楼下穿过。

　　我来过这里两次，始终锁门。这次我正画着，看见一伙人开门上楼，我深知机会难得，连写生的东西也顾不得了，三步并做两步跑过去。那些人疑惑地问我是谁，我反问道，你们干啥的啊？他们说要修缮此楼，实地看一下。我指着楼下的画板说我是来画图的，可能是同一个工程，正好一起看看，省得再折腾了。于是在这些人的满腹狐疑中，我成功地到楼里参观了一圈。

山西省祁县贾令镇　镇河楼
二〇一七年九月七日 八时一十三时四十分　连达

山西省祁县长裕川茶庄

二〇一七年九月六日

十二时三十分—十八时四十分

连达

祁县长裕川茶庄

祁县渠家长裕川茶庄旧址是一组由四个大院和两个偏院组成的建筑群，狭窄幽深的巷道里隐藏着一座雕琢极其精美的石雕门面，是茶庄西南院的大门。此门是以青石雕造的中西合璧的牌楼式建筑，高 15 米，宽度也在 10 米左右，当中为大门，两旁是门房的窗户。除了造型上模仿欧式，周身上下所有浮雕和装饰全都是浓郁的中国本土题材与元素，所用青石料是千里迢迢从外省运来，反映了渠家雄厚的财力。这座大门创建于民国初年，是渠家辉煌往昔的见证。

我蜷缩在大门前的窄巷里，举伞抵挡着午后灼热刺目的阳光，缩着脖子画了 6 个小时方才完成这幅作品，为了对比大门的高度，把我自己也画在了里面。

祁县北街许道台故宅

祁县老城西北正廉巷有处许道台故宅，走进大门，庭院中一座漂亮的木牌坊立即令我两眼放光。这是一座两进院的老宅子，左右对称布局，除了最前端的南房和最北端的正房，东西两厢都是相对而建的厢房，木牌坊就是内宅的门。牌坊为单开间悬山顶式，檐下置华丽的三昂七踩斗栱，门额正面为四个金字"福寿康宁"，背面是"行仁义事"，前后设戗柱，两旁连接照壁式短墙，在有些狭窄的空间、单调的房屋和灰暗的色彩中嵌入了恰到好处的一抹亮色，使得院子顿时充满了典雅富贵之气。在晋中地区寻古写生时，我多次因主人家对陌生人较为抵触，被强行赶出来。许道台故宅前院住着老两口，大妈特别热情和善，让我任意参观随便画。

山西省祁县北街许道台故宅 二〇一七年九月八日十五时三十分—十八时三十分 连达

太谷县北六门村石牌坊

北六门村的农田里曾有一座雕琢华丽的石牌坊，是清代太谷巨富刘家家族墓地的遗物。牌坊高约 6 米，宽也有 5 米左右，为四柱三楼歇山顶结构，造型沉稳厚重、华贵端庄，一大两小三座歇山顶都雕凿得面面俱到，丝毫不逊色于砖瓦木料的效果。周身上下极尽华美精雕之能，令人叹为观止。刘家的主人名叫刘耀，曾做过嘉庆或道光年间的户部郎官、候选知府，其曾祖父以下都是太谷著名的大商人。可惜这座牌坊在 2020 年 6 月倒塌了。

山西省太谷县
北六门村石牌坊
二〇一七年九月廿二时
八时一 十一时二十分
连达

太谷县阳邑村净信寺戏台

净信寺创建于唐开元元年（713），重建于金大定年间，现存殿堂均为明清所建。寺院自南向北有两进院落，前院因历代不断前扩，显得特别大，两厢有许多配殿，最南端为戏台，最北端是三佛殿。后院是大雄宝殿和配殿，各殿几乎都保存下了精美的彩塑。画中是戏台，前台建有 1.5 米高的"凸"字形砖石台基，上建卷棚歇山式抱厦，两旁设八字照壁，檐下悬挂匾额"神听和平"，戏台处处都有精湛的木雕装饰，两侧照壁斗栱密集，令人眼花缭乱。

山西省太谷县
阳邑村
净信寺戏台
二〇一〇年四月十四日八时计分一
十二时四十
连达

太谷县阳邑村净信寺东天王殿彩塑

　　净信寺东西相对的两座天王殿内各端坐三尊神像，东殿内是东方持国天王和南方增长天王，南侧另有一尊力士像，是哼哈二将里的哼将军。殿内潮湿阴暗，塑像法器遗失，手臂折损，下垂的战袍和双脚都已严重渣化，变成碎土掉落下来，泥里面掺的稻草像刺猬般外翻。在哼将军的肚子上不可思议地生有一个马蜂窝，初创未久，窝尚不大，但一群马蜂从隔扇门的破洞进进出出，在我的面颊旁近距离掠过。我也豁出去了，把外套蒙在头上，脸也遮挡起来，又扣了一顶大帽子，做随时抵抗马蜂突袭的准备，坐在殿门内画起来。画了一半，已经热得全身汗透如同水洗，只得跑到外面去透透气。庙里一位老哥听我说起马蜂的事，径直冲进殿内掰下马蜂窝跑出去扔了，惊得我目瞪口呆。

山西省太谷县阳邑村净信寺
东天王殿彩塑
二〇一七年九月十四日 十四时四十分—十八时十分　连达

太谷县阳邑村净信寺西天王殿彩塑

　　净信寺西天王殿里供奉着西方广目天王和北方多闻天王，虽然也有残肢断臂的破损，但整体状况比东殿内要好一些。最南端赤裸上身的壮汉便是哼哈二将里的哈将军，所持降魔杵尚在，这也是六位尊神里仅存的一件法器了。神台下还堆放着许多破损的石雕、木雕或是泥塑之像，哈将军背后弃置一块横匾，上书"娱神"，竟然还是康熙年间的遗物，让人联想到昔日寺庙内献戏娱神的热闹场面，不禁顿生无限慨叹。小小殿堂，也是一个库房，尘封了无数的往事。

山西省太谷县阳邑村净信寺
西天王殿内彩塑
二〇一七年九月十五日　十二时—十七时　连达

晋中市榆次区城隍庙玄鉴楼、戏台

　　城隍是城市的保护神，榆次城隍庙创建于元朝至正二十二年（1362），明嘉靖二年（1523）基本形成今天的格局。全庙坐北朝南，山门内就是巍峨高峻的玄鉴楼。此楼通高近20米，为三重檐歇山顶的两层木楼阁。楼北侧附建的乐楼和主楼紧紧地连接在一起，屋顶与玄鉴楼的第二层檐相结合，形成一个超级抱厦的效果。一层正中位置向外加建卷棚歇山顶戏台一座，两侧分别向左右伸出八字照壁，设有密集的斗栱和琉璃装饰。这一组楼阁高低错落、层次分明，飞檐比翼，雕琢与彩绘穷尽精致繁复，堪称极限之作。

　　现在经过开发整饬的所谓榆次老城里真正的古迹寥寥无几，大量的仿古建筑充斥其间。我去的时候这里只卖通票，即无论你参观城中的几处景点，都必须全部买票。而我的目标只有城隍庙，便相当于买了所有的票，只为画一座楼，也是颇感无奈。

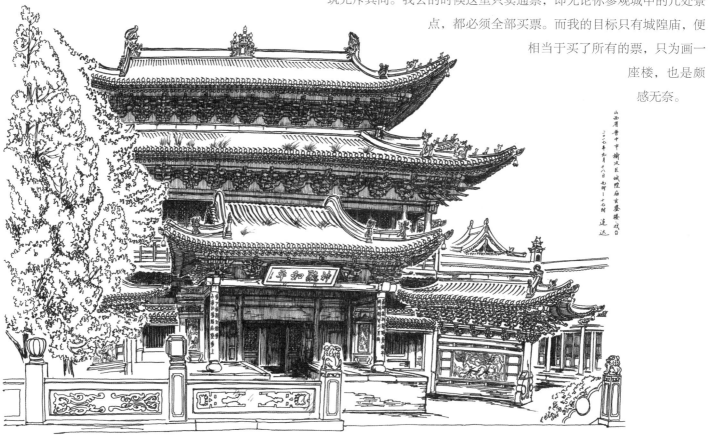

山西省晋中市榆次区城隍庙玄鉴楼戏台
二〇一九年九月八日九时—十七时　连达

山西省太原市崇善寺大悲殿
二〇一七年九月二十日十四时—十七时十分 连达

太原市崇善寺大悲殿

崇善寺创建于唐代，初名白马寺，后又改为延寿寺、宗善寺。明洪武十四年（1381），朱元璋第三子晋王朱棡为了纪念母亲马皇后，将寺院升格为皇家所有，大为扩建，仅中轴线上就曾有金刚殿、天王殿、大雄宝殿、毗卢殿、大悲殿、金灵殿等巨构，曾经占地240余亩，殿堂近千间。可惜清同治三年（1864）毁于火灾，唯大悲殿尚在。

大悲殿面阔七间，进深五间，重檐歇山顶，通高近20米之巨，这样的体量和皇家寺院的身份，在晋地实属罕见。

我多次到过崇善寺，也曾画过大悲殿，奈何殿前绿植浓郁，枝繁叶茂，把殿堂遮挡多半，致使许多细节无法看到，最后只得选择描绘侧面，得以粗略反映出大悲殿的概况。

太原市晋祠对越牌坊

　　晋祠位于太原市西南方晋源区的晋祠镇北侧，是祭祀晋国始祖唐叔虞的地方，现存建筑上启北宋，下到明清，古朴典雅的意境美不胜收。画中所表现的是对越牌坊，两侧各有重檐十字歇山顶钟鼓楼，均是明万历四年（1576）增建。牌坊后为金大定八年（1168）的单檐歇山顶献殿。对越牌坊背靠献殿，左右挽钟鼓楼，形成了一组气势恢宏的建筑群，是晋祠中最先吸引我的地方。画这组建筑，我足足熬了一整天，为了不耽误时间，少去厕所，连水也不敢喝，终于赶在公园下班时候完成了这幅作品。

山西省太原市晋祠
对越牌坊
二〇一八年四月二十七日
上午十时——下午十八时五分
连达

太原市晋祠圣母殿

　　晋祠的主殿是圣母殿，殿前有十字形石桥跨建在方形池沼上，是为"鱼沼飞梁"。圣母殿创建于北宋天圣年间，通高19米，面阔七间，重檐歇山顶，副阶周匝，侧脚和升起明显，前廊进深达两间，宽敞大气。殿顶出檐深远，气象磅礴，宛若张开的双翼，从造型到做法都彰显了宋代典雅而独到的审美情趣，是现存宋代殿堂的代表作。正面八根檐柱上盘绕着元祐二年（1087）制作的八条木雕蟠龙，为大殿增添了无穷的生气。一层明间门上方悬挂巨大的匾额"显灵昭济圣母"。二层檐下悬匾"圣母殿"。殿内现存圣母及女官、侍女像30余尊，俱为宋代原物。我又是一场八个多小时的苦战才画得了圣母殿，其时炎热，有围观者还主动帮我打伞遮阳，热情真挚，令我感动。

山西省太原市晋祠圣母殿
二〇一八年五月八日上午九时一下午十七时廿五分 连达

太原市纯阳宫牌坊

太原市五一广场路西有一座纯阳宫，是供奉道教纯阳子吕洞宾的地方，因此也称吕祖庙。此庙创建于元朝，现为明清遗留。有 20 世纪 50 年代的新庙门、吕天仙祠牌坊、清代旧山门、重门、吕祖殿、回廊亭、灵宝洞、玉皇阁等建筑，两厢还有配殿相称，廊庑环绕。

画中即是吕天仙祠牌坊，为四柱三楼歇山顶式木牌坊，前后设八棱石戗柱，牌坊正面匾额为"吕天仙祠"，背后是"蓬莱仙境"，尤以斗栱最为炫目，宛若怒放的团花，又似绽开的焰火，完美地保留了中国木结构建筑的精妙之美，也成为我很喜欢表现的一种题材。

太原市唱经楼

　　唱经楼坐落在太原市老城的鼓楼街。所谓唱经是指科举时代秋闱发榜后，曾在此楼上当众唱名，公布荣登五经魁首的学子名单。五经者指《诗经》《尚书》《礼记》《易经》《春秋》，只要通过一科的考试就可以称为五经博士，若获得最高级别的殿试头名，则为五经魁首。这座唱经楼始建于明早期，重修于万历三十七年（1609），临街面南而建，平面呈正方形，为双层檐的十字歇山顶两层砖木楼阁，是这一带仅存的古建筑。唱经楼这样小体量的古建筑能在高楼大厦林立的太原市区被保存下来，堪称神奇。

太原市晋源区王郭村明秀寺

　　王郭村明秀寺创建于汉代，重修于明嘉靖年间。寺院前部为天王殿，其后檐下还设有单间一面坡的小小韦驮殿。后院里两株古柏和一株银杏枝繁叶茂，直插青天，把正殿的威严也遮蔽了。正殿面阔五间，单檐歇山顶，悬匾"便是西天"。殿内保存有明代的塑像和壁画。我的古建筑寻访写生之行来到太原后，有朋友表示一定陪我遍访太原的古迹，尽地主之谊，于是便从明秀寺开始。我一坐下来就如同参禅入定般再不言笑，专注于画面，动辄三四个小时不挪地方，朋友只好在台基上时坐时卧，后来竟然睡着了。一天下来，沉闷乏味到几乎发疯，于是仅此一次，便不再陪我写生了。

山西省太原市晋源区
王郭村明秀寺
二〇一六年十月三日
上午十时三十分—下午十五
时五十分　连达

太原市窦大夫祠

　　太原市中北大学西侧有座窦大夫祠。窦大夫名窦犨，字鸣犊，是春秋时晋国的大夫。他凿渠引水灌溉于民，深受百姓爱戴，被晋国权臣赵简子杀害后，当地人便建祠祭祀，尊为水神。宋徽宗加封窦犨为英济侯。现存窦大夫祠是元代重建，为四合院格局。最前端为山门，东西两路是配殿，最北端为献殿和正殿。献殿实际上是一座四柱歇山顶式的巨型亭子，从额枋到四根立柱都用材粗大，充满着粗犷的力量，正中悬匾"灵济汾源"。献殿内有雕琢精致华丽的八卦藻井，高悬于空，宛若连通天界。内额上悬匾"鲁阳比烈"，把窦犨与孔子相比，可见其地位之尊崇。

山西省太原市窦大夫祠
二〇一八年五月九日 中午十一时—十二时五十分　连达

寿阳县平头镇胡家堙村兴福寺戏台

　　胡家堙村兴福寺是一座很普通的清代寺庙，有两进院落，前后殿堂都是硬山顶大瓦房。最前边的建筑由正中央的歇山顶戏台、两侧的悬山顶钟鼓楼和东西庙门共同组成，布局严整对称，颇具气势。因院墙已经无存，所以这一排建筑看起来孤悬在外。戏台檐下设有一根粗硕的额枋，依稀有早期建筑的遗风，可惜额枋已槽朽断裂，开始塌陷，屋顶也破烂不堪，甚是凄惨。村中如此破败的老房子很多，戏台不过是其中之一罢了。

　　我背着大包在黄土山梁间跋涉了很久才来到这个小村，坐在小巷旁边默默地开始给戏台画像，看起来这戏台走向毁灭只是时间问题。

山西省寿阳县平头镇 胡家堙村
兴 福 寺 戏 台
二〇一八年四月二十九日 上午十时一中午十二时三十分　连达

山西省寿阳县平头镇百僧庄村

大王庙 二〇一八年四月三十日下午

十四时三十分—十七时

连达

寿阳县平头镇百僧庄村大王庙

　　百僧庄村大王庙位于村北高地上，供奉的是赵氏孤儿赵武。此庙现存前后两进院落，前院被老乡圈起来饲养鸡鸭鹅，鸣叫声此起彼伏。后院有正殿和东西配殿，正殿修建在半米高的条石台基上，面阔三间，进深四椽，悬山顶。前檐下出廊，以四根花岗岩瓜棱柱支撑，中间两根石柱的腰部还浮雕有盘龙云朵。檐下重昂五踩斗栱工整严谨，是明代风格。两厢配殿久已失修，损毁严重。

　　我坐下来写生，守庙的大叔大妈指着正殿光秃秃的屋檐告诉我，现在有人收这些瓦当滴水，忽然一天夜里，这些东西就全部被卸掉偷走了，他们去报告，也没人理睬。长此以往，乡野文物的下场将何其悲惨！

寿阳县南燕竹镇孟家沟村龙泉寺

　　孟家沟村南有一座林木葱郁的五峰山，顶上坐西朝东建有古刹龙泉寺。龙泉寺的始建年代已不可考，有记载重建于明天启四年（1624），现存建筑多是清代和民国所修。寺院坐落在山怀之内一处形如靠椅的坡地上，众多建筑层列而上，高低错落，簇拥着最高处的歇山顶木结构亭阁晶月亭，蔚为壮观。

　　我来此时恰逢寺中无人，不得入内。围着寺墙略一盘桓，发现在南墙下的角门处正可穿透林荫阻挡，从侧面领略高耸的晶月亭雄姿。其下多重殿阁与墙垣乃至墙角的碾盘组成了一幅纵深感极强的画面，于是我就坐在山路上画了下来。

山西省寿阳县
南燕竹镇
孟家沟村
龙泉寺
二〇一八年五月三日上午九时
一十时五十分
连达

孟县西潘乡李庄藏山祠

　　李庄藏山祠正殿供奉的是赵氏孤儿赵武，因传说其曾在孟县藏山中躲藏，祭祀他的庙宇多叫作藏山祠，外地的藏山祠下院则名为大王庙。李庄藏山祠面阔三间，进深四椽，悬山顶，殿顶只剩下浓密的衰草。檐下设单昂四铺作斗栱，昂嘴均已锯掉，补间出斜栱，正面门窗无存，几根檐柱也已倾斜。里面一片狼藉，垃圾瓦砾充塞其间，屋顶和墙体多处坍塌。墙上的黑板说明这里曾做过教室，地上的草料则证明还曾沦为牲口棚。正殿梁架做法有金元遗风，庙内《藏山祠记》碑刻正好印证，庙宇建于"大元至正十六年（1356）岁次丙申"，果然是一座元构。

　　当地好友李老弟开车带我走过了太行山腰九曲十八弯的盘山路，狭窄的路面仅能一车通行，车窗外就是万丈深渊，惊险异常。一直盘桓在山顶的乌云似乎为了照顾我，最终没有下雨，让我得以给这座可怜的元代大殿留下一幅画像。不知道它还能撑多久，这遗存在太行山深处的珍宝难道终究只能默默地消逝吗？

山西省孟县西潘乡李庄藏山祠
二〇一八年五月五日下午十四时四十分——十六时四十分　连达

盂县西潘乡铜炉村文殊寺

　　文殊寺是供奉文殊菩萨的寺院，铜炉村文殊寺坐落在村西头高地上，背靠群山，俯瞰河川，气势极佳。寺前有一座高大的毛石平台，西侧连建过街楼，仅在东侧设一道石阶可上。山门面阔三间悬山顶，两侧有钟鼓楼。寺内殿宇没有不坍塌的，状况好的，屋顶上也要漏几个透明的窟窿。

　　过街楼和钟鼓楼相呼应，有楼阁林里的视觉效果，配以山门前两株古柏，在远山间营造出一派世外仙境的氛围，可惜这一番景象正在走向毁灭。本该多画一些，怎奈时值黄昏，也只能匆匆画一幅山门而已。

　　我坐在寺前的草料堆旁，忍受着蚊蝇叮咬，运笔如飞，有晚归的农妇扛着锄头围观，最后都被蚊蝇咬得受不了，匆匆离去。

山西省盂县
西潘乡
铜炉村
文殊寺
二〇一八年五月五日
下午十七时十分一
十八时四十分
连达

山西省盂县路家村镇
上乌纱村——千佛寺
二〇一八年五月六日下午十四时一十六时五栒 连达

盂县路家村镇上乌纱村千佛寺

　　上乌纱村有一座极其破烂的古庙，当地人叫千佛寺，其惨状堪称惊人。最前端是前殿，两旁配建有钟鼓楼，院子最后还有一座垛殿，除了这点建筑还在勉强撑着，其余房屋都已化为高低不平的瓦砾堆。整个院子空空荡荡，满地的土堆碎瓦昭示着寺院最终的归宿。前殿面阔三间硬山顶，前后檐下的重昂五踩斗栱中规中矩，看风格应该是明代殿堂，已破烂到了惨烈的境地。长满野草的屋顶多处塌漏，墙壁也多有毁坏，只有梁架还算规整。我坐在瓦砾堆上，给前殿画像，有老乡来围观，他肯定地告诉我这里叫千佛寺，但别的就什么也不知道了。

孟县路家村镇下乌纱村旗杆院

下乌纱村尚存一处张家大院，门前曾有一对石旗杆，因而也俗称旗杆院。院子弃置已久，衰颓不堪。前院现在住着个老大爷，不让我进院参观。天近黄昏，可以写生的时间不多了，我就边赔笑边厚着脸皮硬闯进了院子，瞄准后院的木楼画了起来。

这是一座面阔三间的两层木楼，和晋东南清代民居类似，因潮湿糟朽，显得黑乎乎，散发着霉烂气息。老大爷既警惕又反感，叫来了许多大叔大婶围住我，如查户口一般严加盘问，我嘴里回答，手上不敢稍停，奋力追赶着越来越暗的光线。眼睛余光看到有人用手机在拍我，显然要把这个可疑分子的模样存下来，以备万一。几个大叔不离我左右，准备随时出手擒拿。好在画纸上的老楼逐渐完整地呈现出来，大家的敌对情绪才放松下来，最后他们还用手机拍下此画留念。

山西省孟县路家村镇
下乌纱村一旗杆院
二〇一八年五月六日 傍晚十七时三分一十九时todo
连达

盂县水神山烈女祠

　　盂县水神山里有一座烈女祠，相传
是为纪念五代后周世宗柴荣的女儿所建。
烈女祠修建在半山腰上，分东西两部分，
东部为主体建筑群，有高高的登山石阶。
石阶中部辟一块小平台，上立有单开间歇
山顶木牌坊一座，出檐宽大张扬，檐下三
昂七踩斗栱密集华丽，精巧雍容。柱子下
部以粗粝的毛石夹护，前后以戗柱加固。
正面檐下悬竖匾"后周圣母祠"，时间为
"大清乾隆癸未（1763）"。整座牌坊堪称
山中最古雅的建筑作品，是烈女祠建筑群
的点睛之笔。旁边还有一株古拙粗壮的油
松，如伞盖般护持于侧，充满了仙家府第
的韵味。

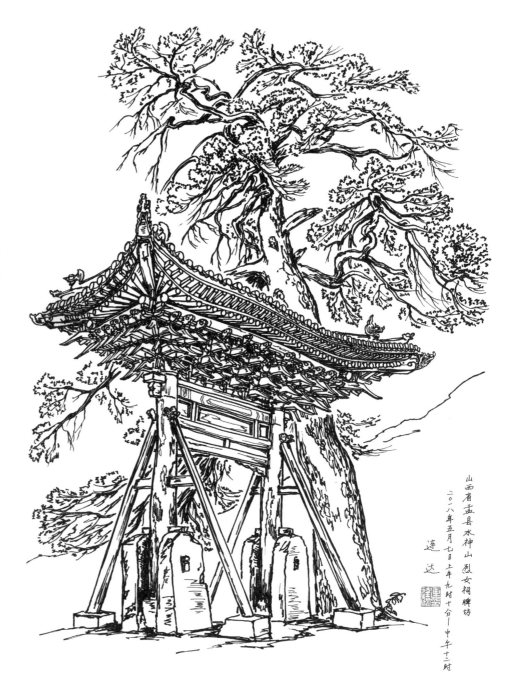

山西省盂县水神山烈女祠牌坊
二〇一八年五月七日上午九时十分—中午十二时
连达

平定县东回乡马山村马齿岩寺

马山村位于平定县以东百里之外的太行山深处，旧称马齿岩。现存的马齿岩寺已不太大，有清代的天王殿和金代的正殿两座主体建筑。正殿重修于金大定二十九年（1189），耸立在高台之上，面阔三间，单檐歇山顶，工整古雅。殿前有两株身姿清秀的古松，一同屈身倒向正殿方向，树冠几乎要趴在殿顶上了。尤其东侧一株，枝干生长得宛若国画泼墨渲染般洋洋洒洒向外延展开去，极其飘逸，给苍老的正殿增添了无限的神韵和无穷的魅力。

1937 年 10 月 19 日，八路军一二九师师长刘伯承就是在马齿岩寺召开了"马山军事会议"，指挥了著名的七亘大捷，给进攻娘子关的日寇以沉重打击。

山西省平定县东回乡马山村
马齿岩寺
二〇〇八年四月二十一日申时于时
十二时四十分
连达

晋北

　　狭义的晋北指的是太原市以北的忻州地级市范围，即太原石岭关以北，代县雁门关以南的地区。出了雁门关再向北的大同和朔州两市则通常被称作雁北。现今所说的晋北则常包含忻州、大同、朔州三部分，也就是山西省在太原以北的所有县市区，即广义的晋北。

　　晋北相比山西其他地区，地域更加辽阔，古建筑数量则相对稀疏，但却保存有许多辽金时期的大型木构代表作。这里还处在明代内外长城沿线，一派粗犷的塞上风情。在这里我登上五台山，翻越恒山和管涔山，寻迹古长城，真有在历史的时空中金戈铁马、纵横驰骋的快意洒脱之感。

忻州市合索乡西呼延村金洞寺转角殿神龛

西呼延村金洞寺转角殿建于北宋元祐八年（1093）之前，是金洞寺最古老的建筑。此殿单檐歇山顶，面阔三间，进深六椽，殿内梁架结构错综复杂，诸多梁栿劄牵都交会到前后槽的四根金柱上。在四柱之间有一座两层楼阁式小木作神龛，一层面阔三间歇山顶，左右次间向前突出有盝顶双阙式配殿。二层置平坐，面阔三间重檐歇山顶，悬挂小匾"先师祐民之阁"。神龛与转角殿为同时期作品，一丝不苟地按照真实的木结构楼阁制作，相当于一座宋代建筑模型，华丽的斗栱和梁架，锐利张扬的批竹昂呈现出900多年前早已消逝的俊逸风采。我在这幽暗的殿内足足蹲坐了四个多小时，累得老眼昏花，才算画完了这幅神龛。

山西省忻州市
合索乡西呼延村　金洞寺
转角殿内　神龛
二〇一四年七月五日上午八时十分一下午十一时三十五分　连达

忻州市庄磨镇桃桃山伞盖寺铁梁桥旧貌

　　庄磨镇有座桃桃山，山下有座古刹伞盖寺，因地形之故，寺院建在一条山沟南北两侧的坡地上，中间以一座单孔石拱桥跨涧连通，叫铁梁桥。尚存的西侧桥栏板上的浮雕有宋金风韵，桥栏石柱上有"明嘉靖四十二年（1563）岁次癸亥三月"的题记。桥身以粗糙的毛石砌成，但桥洞却是用规整的拱形条石沿着桥拱的弧度并列砌筑，为极古之法。石拱之间以燕尾铁串联固定。西侧桥拱上有

"（元）至元十七年（1280）七月□十□日记"的题刻。以桥上的石狮和栏板的风格来看，此桥的始建年代至少不晚于金代，这样古老的石桥在整个山西恐怕也没有几座。就在2020年春，铁梁桥发生了翻天覆地的巨变，已经被修成一座全新的石桥了。

山西省忻州市庄磨镇
桃桃山伞盖寺
铁梁桥
二〇一九年三月十一日
上午十时四十分一十五时绘
连达

河曲县旧县古城东门

　　旧县即明代的河曲县城，因位于高山之巅，水源是大问题，所以在城东南开设了一座小门洞，专为下山取水之用。这座小门在城墙拐角里，是河曲旧县唯一尚存的城门。门上镶嵌一块灰白色的石匾，字迹已经漫漶不清，我仔细辨认，才勉强看出是"水门"二字。门洞里已淤满了垃圾和碎砖，拱券顶部还不时有砖掉下来。砖墙表面风化酥脆已成蜂巢般千疮百孔，几乎没有平整完好之处。水门外就是陡峭的山坡，久已无人通行的小路湮没难寻，我坐在陡坡上，身体努力地向城墙一侧倾斜才不至于滚落到山下去，就这样扭着身体绷着劲儿近两个小时才完成了这座城门的写生。

山西省河曲县四旦坪
明长城敌楼

二〇一八年十月七日 中午十时四十分一十三时十五分
连达

河曲县四旦坪明长城敌楼

　　四旦坪村位于河曲县城北面，村东北有一座残破的明长城砖敌楼，这是河曲县境内仅存的三座砖砌空心敌楼之一。此楼平面呈正方形，残高十余米，南墙最完整，开有四个箭窗，内部为回廊环绕的中心室布局。现在整面东墙和敌楼的西北角已经坍塌毁坏，西墙尚有三个箭窗，北墙仅余一窗，从西北角外可以清晰地看到敌楼台基内的夯土大墩。

山西省代县文庙大成殿
二〇一八年十月一日下午十四时三十分——十七时二十分　连达

代县文庙大成殿

代县文庙现在也称代州文庙，创建于唐代，明洪武二年（1369）重建，号称规模冠于北方。新中国成立后被征用为粮库达30余年，却也因祸得福，使得建筑群得以大部分完整地保留至今。全庙由万仞宫墙牌坊、棂星门牌坊、戟门、泮池、名宦祠和乡贤祠、大成殿、崇圣祠等殿堂组成。画中表现的就是宏大华丽的大成殿，面阔七间，进深五间，单檐歇山顶，前面设有长方形的巨大月台。殿檐下的斗栱近乎疯狂地密集排布，极具视觉冲击力。殿内还保存有富丽堂皇的八角藻井。

山阴县新广武村东山长城敌楼

　　新广武长城属于雁门关的前哨阵地，是明代内长城的重要段落。这里也是山西长城保存最好的段落之一。在新广武村东山坡的山崖尽头有这样一座三眼敌楼，其夸张的梯形外观是别处不多见的。楼基处的条石早已被人全部抠走了，但敌楼还是倔强不屈地挺立着。楼前还有一小段似平台般的城墙，就是东山长城的尽头。

　　我坐在极陡的山坡上写生，整个身体要憋足了劲向前倾斜，就好像在练武扎马步一样，否则会一个后滚翻掉下山去。

山西省山阴县 新广武村东山长城敌楼
二〇一五年五月七日下午十七时二十分——十八时三十分

连达

山阴县新广武长城

明万历二十三年（1595）巡抚李景元筑雁门关边墙，绵十五里，指的是代县白草口村到山阴县新广武村一线的内长城。新广武两翼山势低缓，长城因而修建得更为高大坚固。长城向西爬上猴儿岭，城墙上还有大面积包砖尚存，这在全晋现存的长城中极是罕见。猴儿岭上有六座较完整的砖砌空心敌楼，它们点缀在盘亘于山岭间的古长城上，充满了沧桑神秘的气息。其中，有四座楼的五块石额尚存，分别是"天山""雄皋""控阨""鍼扃""壮橹"。山下远远可见长城外的旧广武古城。

我登上山巅的古长城，正逢雷雨忽至，赶紧躲进一座敌楼内，只听得四外狂风鬼哭狼嚎，一阵阵霹雷震得敌楼里地面都微微颤抖，我赶紧关闭手机，静静地蜷缩在楼内角落里，等待雨停，再继续写生。

广武长城　连达

五台县豆村镇佛光寺东大殿

　　佛光寺位于豆村镇佛光村旁，背依佛光山，坐东朝西而建，居高临下，气势磅礴。寺院由山门、伽蓝殿、金代文殊殿和唐代东大殿、北魏祖师塔等建筑组成。东大殿面阔七间，进深八椽，单檐庑殿顶，除了两尽间设直棂窗外，中央五间皆开木板门。檐下设双杪双下昂七铺作斗拱，用材雄大，出檐深远，举折舒缓，比例匀称。东大殿创建于唐大中十一年 (857)，被梁思成和林徽因两位先生于 1937 年 6 月重新发现，誉为"中国建筑第一瑰宝"，是中国现存三座唐代木构建筑中最宏大的一座。

　　我多次来到东大殿前朝圣，几次写生，唯有这一次有幸遇到了五门全开的盛景，再次用了一整天时间把东大殿流注笔端，以此寄托对大唐的无限憧憬。

山西省五台县豆村镇

佛光寺

二〇一七年八月三十日
八时平分－十九时十分

连达

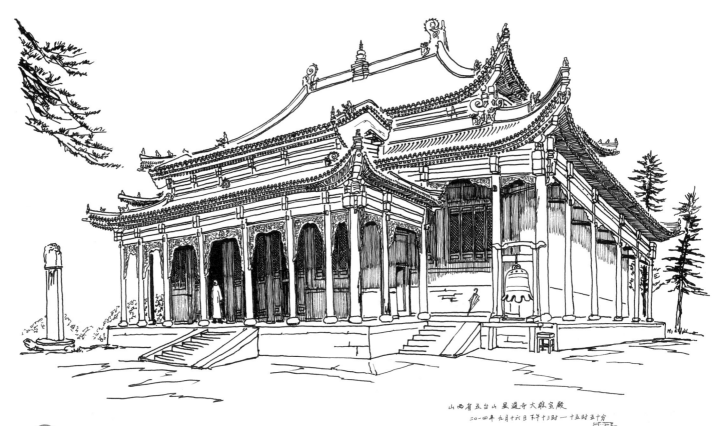

山西省五台山显通寺大雄宝殿
二〇一四年九月十六日下午十三时一十五时五十分
连达

五台山显通寺大雄宝殿

　　显通寺位于台怀镇的中心区，背靠菩萨顶，南接塔院寺，东侧毗邻罗睺寺和圆照寺，是台怀镇最早、最大的寺院。相传源自东汉时期的大孚灵鹫寺，两千年来，曾名花园寺、大华严寺、大吉祥显通寺、大护国圣光永明寺，清康熙二十六年（1687），正式更名为显通寺。

　　现存寺院是明清两代所建，有五进院落，中轴线上排列着观音殿、大文殊殿、大雄宝殿、无量殿、千钵文殊殿、铜殿和藏经殿等殿堂。画中的大雄宝殿重建于清光绪二十五年（1899），面阔九间，进深五间，重檐庑殿顶，体量特别宽大。

　　我来显通寺写生时正赶上一场秋雨，气温骤降。我坐在配殿檐下，挥动着已经冻僵不听使唤的手，强行抑制着浑身的颤抖，才勉强完成了这幅作品。

五台县小豆村古宅门

　　我在佛光寺附近的小豆村粗略走走，就看到了一座极其夸张的老宅内门，这近乎疯狂的十五踩斗栱从前也只在牌坊上才能见到。早已房倒屋塌的这座两进院老宅子到底有着什么样的历史呢？真是不可思议。其实这些不为人知并日渐凋零的乡村古建也是历史的组成部分，发现和记录它们也是给未来留下更全面真实的馈赠。

　　在这种阴森森的老院子里一坐几个小时，毫不夸张地说，还是需要些胆量和勇气的，尤其当你看见堂屋里停放着几口棺材时，还能坦然地坐在附近写生，也堪称一种锤炼。不过在老房子或者破庙里偶遇棺材这样的事，我早就习以为常了。

山西省五台县小豆村古宅门
二〇一七年八月二十九日十五时二十分—十七时五十分
连达

五台县豆村镇佛光寺唐代彩塑

　　佛光寺东大殿内供奉有三十多尊大小彩塑，核心是阿弥陀佛、释迦牟尼佛和弥勒佛，两旁有普贤菩萨和文殊菩萨以及众多胁侍菩萨与天王扈从。这些彩塑是唐代原物，虽然在20世纪初被僧人重妆，使得色泽明艳，旧貌无存，佛祖身披的袈裟也被绘成了龙袍，但唐塑的组合形式与造型气质还是依稀可见的。这也是除了敦煌，国内保存规模最大、最完整的唐代彩塑了。

　　我趁着东大殿五门全开，殿内一片光明之际，在佛前连续写生两天，从左向右一路画过来，把诸佛和菩萨留在了我的长卷之中。

山西省五台县豆村镇
佛光寺唐代彩塑
二〇一七年八月三十一日—九月一日　莲达

五台县阳白乡李家庄南禅寺

李家庄南禅寺最前端为山门兼观音殿，东西两厢是配殿，最北端即正殿。正殿是中国现存最古老的木结构殿堂，建于唐建中三年（782）。面阔三间，进深四椽，单檐歇山顶，规模不大。屋顶举折舒缓，出檐宽大伸展，明间开木板门，两次间为直棂窗，其余三面皆是墙壁。殿内保存有一组基本完整的唐代彩塑，虽在元代重新进行过彩妆，但仍然保留了唐代的风貌，是敦煌以外保存最接近原貌的一组唐代彩塑作品了。

山西省五台县阳白乡
李家庄　南禅寺
二〇一四年九月十二日 上午 十时一十时四十分 延

山西省朔州市崇福寺 弥陀殿
二〇一四年九月二十四日 上午十时三十分 —— 中午十二时十分
连达

朔州市崇福寺弥陀殿

　　崇福寺辽代时为林太师的府邸，后来林家捐为寺院，人称"林衙寺"。金皇统三年（1143）建弥陀殿、观音殿，天德二年（1150）赐额"崇福禅寺"。现在寺院保存了原有规模，主要建筑有山门、千佛阁、大雄宝殿、弥陀殿、观音殿等。弥陀殿是寺内体量最大的殿宇，面阔七间，进深八椽，单檐歇山顶，通高21米，正面宽40余米，纵深也有22米，体量震撼。檐下挂巨匾"弥陀殿"，好像将一只小船高高悬于空中，加上殿顶的华彩琉璃、殿身的雕花门窗、殿内的彩塑背光和壁画，被合称为金代五绝。

应县木塔

应县老城西北部，耸立着一座直插天际的高大楼阁式木塔，这就是创建于辽清宁二年（1056）的佛宫寺释迦塔，俗称应县木塔。塔通高 67.31 米，底层直径 30 余米，为平面八角形攒尖顶宝塔，是中国现存体量最大的木结构古建筑。木塔外观为 5 层 6 重檐，内部还有 4 个暗层，实为 9 级。每层塔心室都有佛像，还曾发现了两颗释迦牟尼佛牙舍利以及辽代的刻经等文物。木塔把中国传统木构的精妙发挥到了极致，仅不同结构和功能的斗栱就有近 60 种，被誉为斗栱博物馆。其结构也相当科学，经历多次大地震的考验，甚至在近代军阀混战中，在枪炮的轰击下仍能安然无恙，简直如同神话一般。

我数次来到木塔，为木塔所震撼，怀着极大的虔诚之心为木塔作画，并以此长时间地陪伴在木塔身旁，仰望凝视，仿佛精神都与塔相通了。

山西省应县佛宫寺释迦塔
二〇一六年十月七日一八日共用近十三小时完成　连达

山西省左云县镇宁楼
二〇一八年十月十一日 下午十四时二十分一十五时二十二分　连达

左云县镇宁楼

　　左云县宁鲁口的土长城上神奇地耸立着一座近乎完整的高大砖敌楼，和周遭的土墩台比起来，周身上下严整的包砖简直就像穿戴齐全的铠甲，这就是镇宁楼。它通高足有 14 米以上，宽度也有近 7 米，平面呈正方形，在南面的底部正中央开一个拱门，门楣上镶嵌一块雕花砖框装饰的青石匾额，上书"镇宁"二字。门洞内是漫长陡峭的石阶，直通顶层，顶上为回字形布局，东、西两面墙上都设有四个箭窗，南、北墙为三窗，南墙中部的窗口格外大，好像悬于空中的门。楼下还有一圈长方形的小城，是明朝同蒙古进行互市的地方，镇宁楼便是瞭望和监管互市的大型敌楼。

大同市鼓楼

　　大同市鼓楼平面为正方形，面阔进深都是三间，为三重檐十字歇山顶的三层砖木楼阁，通高约20米，每层皆有回廊。此楼原本是跨建在路上的过街楼，四面有民房店铺簇拥，楼下可通车马行人，现在已经成为环岛中心的一座景观建筑，仅存象征意义。此楼创建于明天顺七年到八年间（1463—1464），经历代整修已经更像一座清代建筑。

山西省大同市鼓楼

二〇一四年九月二十八日 上午七时至十一时

连达

大同市华严寺全景

　　大同市现存最为宏大壮丽的寺院当属位于老城西门内坐西朝东的华严寺了。寺始建于辽清宁八年（1062），金天眷三年（1140）重建，明代重修时分成上、下两寺。上寺即现在以华严寺大雄宝殿为主的建筑群，下寺是薄伽教藏殿及附属建筑。当代又将两寺重新合并，还修建起许多新的仿古殿堂、楼阁和木塔。塔在大雄宝殿南侧，正可俯瞰全寺大部，此画即为登塔所绘。

山西省大同市华严寺
二〇一九年十月五日
上午十时——下午十五时三十分
莲达

大同市善化寺全貌

　　大同老城南门内坐北朝南有一座辽金古刹善化寺，唐开元时建，赐名开元寺。后晋时改名大普恩寺。金天会戊申年（1128）重建。明正统十年（1445）更名善化寺。建筑群东西对称，中线上天王殿、三圣殿、大雄宝殿都是单檐庑殿顶，两边以配殿和回廊环绕串联起来，在三圣殿后的东边有文殊阁，西面为普贤阁。寺中巨殿层叠，气象森严，庑殿顶圆润的曲线使得这些庞大的屋顶不仅不沉闷，还很优雅美观。画中表现的主体就是右边的三圣殿和左边的大雄宝殿。

山西省大同市善化寺全观
二0一六年十月六日 下午十三时二十分——十七时四十分 连达

大同市善化寺普贤阁

善化寺三圣殿西面有普贤阁，为金贞元二年（1154）所建，坐西朝东，平面为正方形，面阔三间，进深两间。一层明间开木板门，二层设平坐勾栏，亦在明间中部开门，两山墙上开直棂窗，最上覆单檐歇山顶。这座楼阁两层间还有一个夹层，实为三层，造型古雅，直追唐风，此种式样的楼阁在后世极为罕见。东面相对的文殊阁于民国年间曾遭焚毁，近几年仿照普贤阁的样子进行了复建。

山西省大同市善化寺
普贤阁
二〇一六年十月六日上午十时一中午十三时　连达

山西省大同市云冈石窟第三窟
西方三圣像
二〇二三年四月二十九日
连达

大同市云冈石窟第三窟西方三圣像

　　云冈石窟第三窟又名"隋大佛洞""灵严寺洞"，东西长50米，高25米，是云冈最大的洞窟。但这个窟内似乎并没有完工，仅在后室雕凿有西方三圣像，其他地方并无雕像。三圣中，主像为阿弥陀佛，左边为大势至菩萨，右边是观世音菩萨。主像高约10米，靠墙倚坐，右手施无畏印，褒衣博带，高大庄严。两菩萨头冠和面部保存较好，但观世音菩萨的身躯损毁严重。

大同市云冈石窟露天大佛

云冈石窟中最为人熟知的就是第二十窟露天大佛了。此窟建成不久，前部就坍塌了，辽代曾增修窟檐，后来也毁于战火，于是大佛就一直裸露在外，倒比其余深藏在洞窟中的佛像更显高大夺目。露天大佛高 13.7 米，长目高鼻，大耳垂肩，手结禅定印，袈裟袒露右肩，仿犍陀罗风格。旁边的胁侍立佛高约 9 米，上半部基本完整，衣饰也有鲜明的犍陀罗风格。

山西省大同市云冈石窟露天大佛
二〇二二年四月二十八日　连达

山西省阳高县云林寺大雄宝殿
二〇一八年九月二十三日 上午八时五十分—中午十一时五十分
连达

阳高县云林寺大雄宝殿

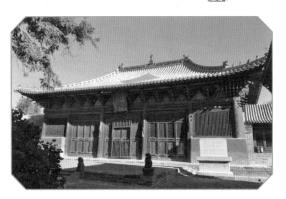

　　云林寺俗称西寺，为明代敕建寺院，坐落于老城西南角城墙拐角内。寺院规模不算大，仅存两进院落，由最前部的山门及两掖门、前殿、东西配殿、最后部的大雄宝殿和两垛殿组成。大雄宝殿面阔五间，进深六椽，单檐庑殿顶，斗栱工整密集，隔扇门上雕刻有阵列排布的团花纹饰，极尽精美，有一种深藏不露的贵气。殿内供奉三世佛和十八罗汉，墙上有完整清晰、画工精湛的水陆画，是一座明代的艺术圣殿。

天镇县慈云寺全景

　　天镇县老城西门内路北有一座面积不小的古刹叫作慈云寺，创建于唐，原名法华寺。辽开泰八年（1019）、明宣德五年（1430）重修，更名慈云寺。寺院现存三进院落，最前端是山门和两侧掖门。院中颇为宽敞，左右分别建有圆形两层钟、鼓楼。之后是单檐歇山顶天王殿和巍峨的大雄宝殿，都设有雄大的斗栱，密集壮观。最后一进为毗卢殿。慈云寺被誉为"关北巨刹"，堪称晋北明代古建筑之最。这里的斗栱不但复杂密集，还很大气，画中表现的就是天王殿和大雄宝殿，我在寺中连画了两天，仍感意犹未尽。

山西省天镇县慈云寺
二○一八年九月二十四日 上午十时一下午十八时四十分
连达

山西省天镇县慈云寺 毗卢殿
二〇一八年九月二十五日 下午十四时十七一
十七时三十八分
连达

天镇县慈云寺毗卢殿

　　慈云寺最后一重殿宇是体量最大的毗卢殿，建在约 1.5 米高的石台基上，前出方形小月台。殿身面阔五间，进深六椽，悬山顶，出前廊，檐下设置了宏大密集到眼花缭乱的斗栱。这些斗栱尺寸之大，似乎梁柱都难以承受其重压，但结构又偏于琐碎炫技，并没能起到早期木构中大斗栱应有的承重效果，相反还要在屋檐两角额外加支两根立柱以辅助支撑屋檐，略显尴尬。但从整体上来看，这座大殿仍感气势磅礴，给人以凛然于上的威严气息。

天镇县李二口长城

明长城从新平堡翻山越岭一路南进，过保平堡、南口村、桦门堡，向南来到李二口。这一线长城或石或土，大多已经化为石垄土埂，只有座座墩台还挺拔耸峙。夯土长城在李二口以北的地段则变得相对完整高大起来，巨大的土墩台残高也在 10 米以上，虽然被雨水冲刷得多有坍塌，墙身上也是沟壑纵横，但在光秃秃的土石山岗上仍然显得分外威武夺目，从天镇县城即可望见。这一带的长城是在明嘉靖二十五年（1546）前后修筑的，是明代大同镇下辖外长城的一部分。

山西省天镇县李二口长城
二〇一八年七月二十五日 上午八时铃一 五十七分 达达

天镇县新平堡玉皇阁

　　新平堡镇位于天镇县最北部，是由明长城的屯兵城堡新平堡发展起来的，昔日曾是方方正正的一座城池，创建于明嘉靖二十五年（1546），隆庆六年（1572）增修，周长三里余。现在城墙已所剩无几，但十字街心还有一座完整的玉皇阁巍然耸立。楼阁下部为十字穿心城台，顶上建两层歇山顶木楼阁一座，造型纤瘦伶仃，顶部收山尤其狭窄，颇有陕甘一带的建筑风格，是长城沿线诸多边堡中仅存的一座楼阁式建筑。

　　我来此写生时正值中秋节，街上的人很早就都回家团聚了，我见找不到车返回县城，只好就地找了个很脏乱的小旅店住下来。屋中潮湿不堪，墙上蜘蛛、蚰蜒乱爬，我担心夜里这些东西爬到我脸上，于是一狠心，用了一个多小时的功夫把屋内所有角落里的虫子全部找到击毙，这才敢和衣而眠。

山西省天镇县新平堡玉皇阁
二〇一八年九月二十三日　十五时五十分——十七时三十分

连达

陕西篇

　　很遗憾，对于历史文化大省陕西我目前仅有过两次很仓促的浅寻，虽然早就对接连巴蜀的汉中、周秦汉唐的发祥地关中以及古长城蜿蜒的陕北心向往之，但偏居东北的我来一次陕西实在不容易。我曾从山西保德县走过黄河大桥，第一次来到了陕西省的府谷县，在当地朋友苏继平老师的带领下，初步寻访了几段明长城遗址，留下了我在陕西仅有的两幅长城写生作品。第二次来陕西，亦蜻蜓点水地到过绥德、延安、富县和韩城等地，也创作了几幅画。正当我欲大干一场时，家中老父突发急病，我旋即东归，仓促结束了陕西写生之旅。但此行令我深切地感到陕西是值得仔细寻访描绘的好地方，期待来日可做深度畅游。

府谷县新民镇龙王庙村明长城椅子楼

明长城在万历时期加筑了大量砖敌楼，因守御长城的部队分别从各地调防和轮防，不同部队修筑的敌楼也各有特色，堪称千差万别，匠心独具。但时至今日，除了京津冀等省市辖区内的明长城尚能保存有大量的砖敌楼，再向西的山西、陕西等省所剩的砖敌楼已成凤毛麟角。现在整个陕北长城沿线，砖敌楼更是屈指可数，所以画中的椅子楼尤显珍贵。

龙王庙村这座椅子楼，因其造型好像一把安置于山顶的椅子而得名。这种造型的敌楼在别的省份未曾见过，应属明代延绥镇长城上的独创形式。椅子楼也不与长城主线墙体相连接，只是作为长城线内侧一个屯驻和瞭望的哨所之用，楼顶上还可见一排悬眼，这也是当初瞭望和作战的重要设施。楼外还有土筑的围墙，俨然一座设施完备的小堡垒。

陕西省府谷县新民镇龙王庙村明长城
椅子楼　二〇一八年十月九日 上午八时五分一九时五十五分　连达

府谷县新民镇守口墩半座楼

　　这是一座倒塌了一半的砖敌楼，看其现存的北立面，此楼完整时，其平面应该是正方形的，每面的墙上开四个箭窗。现在此楼的南半部已经垮塌，露出了内部结构，有点像一座敌楼的剖面展示。敌楼底部是以黄土夯筑成的高大台基，顶上起砖拱券内室，外侧包砖墙。当然如果在东部山区里，楼内的台基就多半会采用石头垒砌了，这也是秉承了修筑长城就地取材的原则。现在我们常看到的晋北和陕北的所谓土长城，一座座土墩台远近相望，其实多半是包砖被拆光之后留下的残骸，长城原本并不是那样裸露的。每当看到所谓黄土地上的黄土长城，心中不免深感遗憾和惋惜。

陕西省府谷县新民镇守口墩半座楼

二〇一八年十月九日 上午十时五十分一十一时四十五分　连达

绥德县龙章褒异石牌坊

　　绥德县老城耸立在无定河畔的黄土山顶，我远道来此是为瞻仰秦太子扶苏墓和参观汉画像石馆。我每到一地都会抓紧时间走街串巷搜寻历史的痕迹，这次也是天刚亮即爬上山来，根本顾不上吃早饭，在沧桑狭窄的宛转巷道里盘桓寻觅，一下子就撞到了东门塌路口的石牌坊前。此坊三间四柱五楼，显然曾遭受过严重破坏，包括歇山顶在内的许多构件都是新补的。坊上双面横匾均为"龙章褒异"，下边字牌一面为"诰赠中宪大夫湖广汉阳府知府马于乾之坊"，另一侧是"敕封中宪大夫湖广汉阳府知府马于乾妻安人张氏贞节坊"，落款为"雍正十年（1732）"，是马于乾的五世孙为其夫妇所立。

　　我坐在清冷的晨曦里，忍着肚子的咕咕作响，在路过学生们好奇的目光中，迅速为牌坊画了一幅，手也微微有些颤抖，说不清是因为冷饿还是意外遇到了牌坊兴奋所致，整个人都是亢奋的。

陕西省绥德县龙章褒异石牌坊
二〇二三年四月十二日 晨六时四十分一八时四十分　连达

陕西省韩城市史带村
禹王庙前殿 二〇二三年四月十五日 下午十五时五十分—十七时五十七分 连达

韩城市史带村禹王庙前殿

　　沿黄河一路南下来到韩城市境，未曾进城，我先找到了城东北的史带村，久闻这里有座荒废的禹王庙，我这个破庙专业户岂可错过。禹王庙自然是祭祀大禹的地方，庙址东临悬崖，俯瞰黄河，气魄宏大。庙中现仅存此殿，是面阔三间、进深四椽的悬山顶大殿。造型端庄，出檐宽大，巨硕的额枋有典型元代特征，与黄河东岸的晋地元代大殿风格近似。此殿梁架斗栱在清代被改建过，令栱够不到撩檐槫，斗栱间相串联的罗汉枋已失，仅余承托梁头之功能。由于曾被改做学校，门窗非复旧观。殿前现已种满小松树，几乎把殿堂正面完全遮挡了。我坐在松树间，时蹲时站，不断调整自己的位置，努力观察被挡住的地方，好一番折腾，终于画出了一座完整且有细节的大殿全貌，这也是我在陕西省画到的第一座破庙。

陕西省韩城市城隍庙戏台
二〇二三年四月十六日
上午八时二十六分—十一时二十分　莲达

韩城市城隍庙戏台

　　在韩城城隍庙的威明门和广荐殿之间有一处小广场，西侧孑然而立一座端庄华丽的古戏台，奢华的气质令人印象深刻。此台下部是方形砖石台基，主体为四柱支撑的重檐十字歇山顶结构，前部为演出的台口，后部两侧连建有两层歇山顶的配楼，与后台相连通，是戏班登台演出前进行准备工作的场所。此戏台最大的特点就是檐下极尽华丽的木雕装饰，从平板枋、大额枋，由额到垂莲柱，甚至连出昂上都雕刻有剔透的纹饰，其繁缛装饰真是做到了极致，令我眼花缭乱，目不暇接。

　　清晨我即来到戏台前写生，这时的韩城还在沉睡中，除了微凉的风和偶尔几声鸟鸣，周遭空荡寂静，也令我更能沉浸到对历史的悠远思绪之中了。

韩城市城隍庙山门

　　韩城是个让人感到很舒服的地方，新城和老城分开发展，老城内许多古民居被保留了下来，沿街的老铺至今仍开门纳客，街头巷尾满是烟火气。更令人感到神奇的是城内外还保留有文庙、南营庙、北营庙、城隍庙、庆善寺、九郎庙、毓秀桥等众多古建筑群或单体建筑，这样的古迹保有量真是太不可思议了。

　　城隍庙是城里首屈一指的大型古建筑群，据记载创建于明朝隆庆五年（1571），现存山门、政教坊、威明门、广荐殿、德馨殿、灵佑殿、含光殿等多进殿堂，两厢还有配殿和戏台等附属设施。山门由正门和两掖门组成，雄踞于高台之上，威严堂皇，有元构遗风。正门墙壁上镶嵌着砖雕擘窠大字"彰善瘅恶"，两掖门出八字嵌琉璃壁心砖雕照壁。路两侧各建一座单开间牌楼，分别书"监察幽明""保安黎庶"。这组建筑群极具气势，先声夺人，令人震撼。我坐在右侧牌坊下铺开画纸一路向左画过去，把这条小街都纳入画中，真是酣畅淋漓！

陕西省韩城市城隍庙山门
二〇二二年四月十六日下午～十七日上午十时二十五分　连达

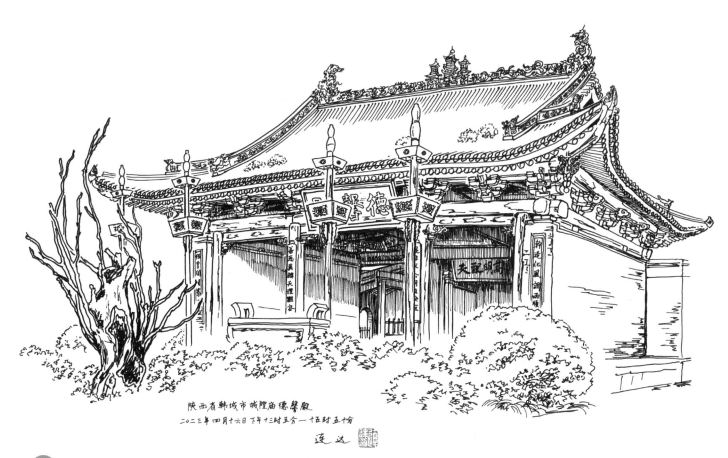

陕西省韩城市城隍庙德馨殿
二〇二三年四月十六日下午十三时五分—十五时五十

连达

韩城市城隍庙德馨殿

　　灵佑殿是韩城城隍庙的正殿，但被其前边的德馨殿遮挡得风雨不透，两殿屋檐相接，紧紧地连在一起，无从得见灵佑殿真容。不过德馨殿也甚为规整端庄，是一座面阔三间，进深六椽的单檐歇山顶建筑，前后通透，为一座过殿，供信众在这里向灵佑殿内的城隍神位贡献祭品，施礼参拜，也就是晋地古建筑中常见的献殿之功能。殿前并排立有四根吊斗幡杆，已经枯萎的老树仍旧以遒劲的姿态诉说着岁月的悠远。我所选的写生位置在东配殿廊下，开始时还有屋檐遮蔽，无日晒之苦，待到太阳转到了西边，我便完全暴露在滚烫的阳光下无所逃避，被晒得皮燥肉疼，汗水湿透了衣衫，白色画纸的反光刺得我只能眯着双眼坚持，算是为城隍庙画了一座正式的殿堂作品。

北京篇

北京从辽代就已建都，那时候是辽五京之一的南京，金代改称中都，元代名曰大都。明成祖朱棣把都城从今天的南京迁来，之后的清朝仍然以北京为都，历代的营建为北京留下了大量古建筑，也是寻古者必定会关注的地方。我多年来从东北前往山西寻古写生，每每都要在北京转车，并抓紧转车的空当，尽可能去画上一幅，既不浪费时间，又能够留下一些作品，所以我在北京的许多写生作品都是在这样的背景下创作的。

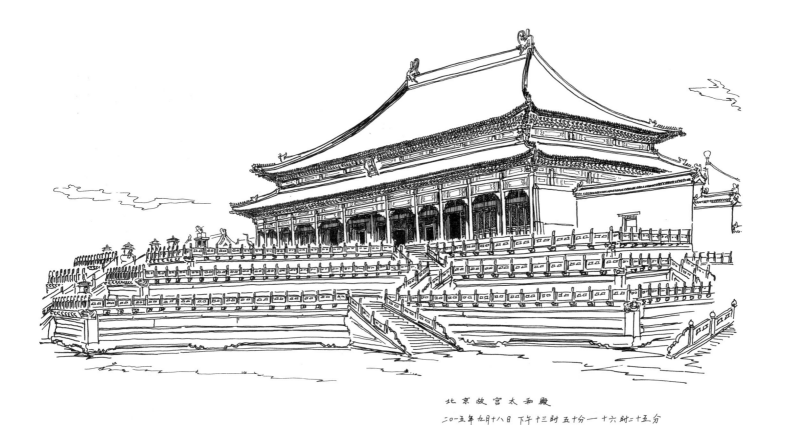

北京故宫太和殿
二〇一五年九月十八日 下午十三时五十分一十六时二十五分
连达

故宫太和殿

　　故宫里等级最高、体量最大的建筑莫过于太和殿了，也就是俗称的金銮殿。穿过太和门，眼前豁然开朗，宽阔的广场上，诸多殿阁众星捧月般簇拥着正中间层叠高峻的丹陛上面阔十一间重檐庑殿顶金碧辉煌的太和殿。太和殿最早的名字叫奉天殿，体量之庞大几乎占满了整座宽阔的台基。后来屡遭火灾，多次重建，到了清代因为国力原因和建筑材料的不足，只好缩小规模。即便如此，今日的太和殿也足以成为国人的骄傲。

　　我坐在太和殿东侧的长廊下静静地描绘着巍巍高耸的紫禁之巅，下午的烈日火辣辣地投射到身上，使我汗流浃背，灼热难当，只得强行忍耐，坚持将作品完成。

北京故宫南三所之西所前院
二〇一五年九月十五日 上午八时四十分——下午十三时七分

连达

故宫南三所之西所前院

　　在故宫文华殿的后边有一片紧凑小巧的院落，建筑的屋顶都使用绿琉璃瓦，与金碧辉煌的紫禁城显得风格迥异。此处名叫南三所，是清代皇子们读书学习的地方。这里是分东中西三路排列的三组套院，每院又各有前后三进，各院正殿、配殿、厢房、耳房、水井等设施一应俱全，宛若一座城中之城，是当时中国最高等的贵族学校。

北京故宫乾清宫

二〇一五年九月十六日 中午十二时五份一下午十六时十分　连达

故宫乾清宫

　　乾清宫面阔九间，重檐庑殿顶，是紫禁城内廷的核心建筑，作为皇帝处理日常政务和居住的场所，早已被人们所熟知，尤其御座后的"正大光明"匾额更是被传得扑朔迷离。自从雍正帝将建储匣放在匾后，关于皇位继承人的猜想和谣言就经久不衰，风头完全盖过了宫殿本身。其实在明代，这里爆发过更加惊心动魄的刺杀皇帝事件，以杨金英为首的数名不堪长期遭受嘉靖皇帝虐待的宫女潜入暖阁，试图勒死熟睡中的嘉靖帝，历数明清两代，这也是罕见的大事。不过现在的乾清宫已经是清乾隆时期火灾后重建的了。

北京故宫养心门
二〇一五年九月十八日上午八时四十分—中午十二时三十分　　连达

故宫养心门

　　清朝雍正帝将寝宫迁到了乾清宫西南面的养心殿，处理日常政务也在那里，以便更快地和一墙之隔的军机处传递讯息。正因如此，养心殿的名气之大并不亚于太和殿和乾清宫。现在许多人都会专程来此一窥皇帝的密室。养心门就是养心殿建筑群的前门，类似这种单开间歇山顶的宫门建筑形式在故宫其实很多，檐下密布的琉璃仿木结构斗栱和墙面上镶嵌的琉璃浮雕蟠龙花卉等图案把这组建筑装点得华贵堂皇，门前一对鎏金铜狮子体量虽然不大，但每个细节都铸造得极为精致。

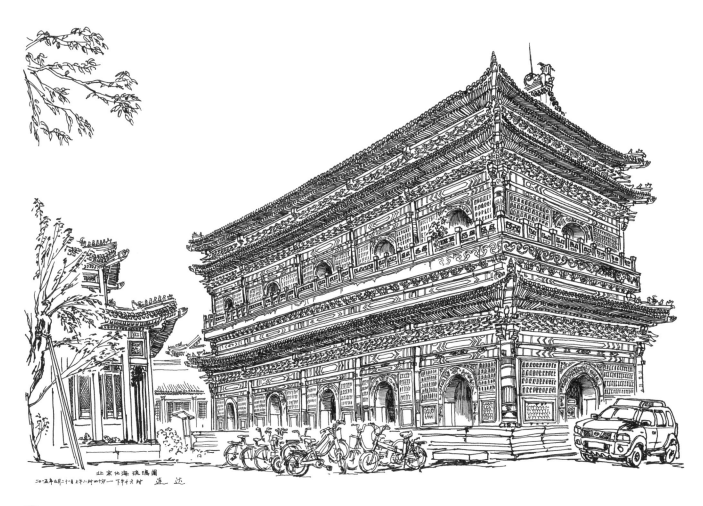

北京北海琉璃阁

二〇一五年九月二十日上午八时四十分一下午十六时　延达

北海琉璃阁

　　在北京北海公园的北部角落里隐藏着一座规模宏大的琉璃阁，本名为大琉璃宝殿。此处也是清代皇家园林中的重要礼佛场所，最初建有宝塔一座，后来毁于火灾。清乾隆二十四年（1759），在原塔旧址兴建琉璃阁，是一座面阔五间、高两层的重檐歇山顶大阁，周身遍布琉璃装饰，墙面上更是镶嵌有数不清的佛龛，在阳光下金碧流辉，华彩异常。这座琉璃阁与颐和园智慧海的琉璃阁十分相近，有异曲同工之妙。阁前还有华严清界殿和七佛亭，是一座以琉璃阁为核心的完整的寺庙建筑群。

北京市皇城内大高玄殿
为明嘉靖帝所建，是一
座道教建筑群。

二〇一五年五月六日上午十时一下
午十三时二十六分

连达

皇城大高玄殿

　　大高玄殿始建于明嘉靖二十一年（1542），嘉靖皇帝朱厚熜最为崇信道教，于这一年十月初十日，建大高玄殿，供奉道教三清，所以这处大高玄殿是道观。虽然名为殿，实则是一片布局严整的建筑群。历史上大高玄殿几次遭遇火灾又几次重建，至清代为避康熙帝名讳，曾改为"大高元殿""大高殿"，也有过多次重修，仍做皇家道观使用。

　　大高玄殿位于故宫以北的景山脚下，我来到此处时恰逢这里刚刚腾退，正在修复，因此才难得有机会入内参观写生，施工方还给我发了一顶安全帽。这里机器轰鸣，尘土飞扬，数小时的写生令我浑身落满了锯末灰尘，甚至鼻孔里也快被塞满了，呛得几乎无法呼吸。

德胜门箭楼

北京的城墙兴建于明成祖朱棣迁都北京的时候，但现在已经基本拆除，仅剩下正阳门和德胜门两处城门建筑。其中正阳门尚存城楼和其前边的箭楼，也就是俗称的"大前门"。德胜门则只有箭楼保存至今。这座箭楼曾经有过辉煌的历史，每当明军北征时，便会出德胜门，以期在征伐中获得胜利。土木堡之变后，明廷被迫进行北京保卫战，兵部尚书于谦就全身披挂，亲临德胜门激励三军将士。而据说德胜门箭楼之所以被保留下来则是因为闯王李自成就是从这里打进北京城的。现在的德胜门箭楼更像是一个交通环岛上的景观建筑，下边车水马龙，如果非要挤在路边写生，仰角太大，构图也不好。于是，我选择在护城河外的人行道上隔河相望为德胜门箭楼画了一幅。

北京市 智化寺智化殿
二〇一八年五月十二日 上午九时五分一中午十二时十五分　连达

智化寺智化殿

　　智化寺始建于明英宗正统九年（1444），是当时权倾朝野的大太监王振的家庙，明英宗极为宠信王振，钦赐"报恩智化禅寺"匾额。在土木堡之变中明英宗被俘，王振被打死，随后其家族也被朝廷抄没，但智化寺侥幸得以保留下来。后来明英宗被放回，通过夺门之变复位，于天顺元年（1457）在智化寺内为王振建精忠祠，并塑像祭祀。直到清乾隆七年（1742），有人上疏指出智化寺里竟然还供奉有祸国殃民的王振，他的塑像才被下令销毁。

　　现在的智化寺中轴线上还有智化殿、如来殿、万佛阁等建筑，我所画的就是智化殿。

北京市西城区旌勇祠
二〇一七年十月二十六日八时四十分
——十二时四十分 连达

西城区旌勇祠正殿

　　旌勇祠建于清乾隆三十三年（1768），是为纪念战死在征缅甸前线的云贵总督明瑞。明瑞为云贵总督兼兵部尚书，首战大获全胜，晋升一等诚嘉毅勇公，世袭罔替。可惜后来轻敌冒进，导致全军覆没，身死军灭。旌勇祠建筑群坐北朝南，现存两进院落，前院有保存完好的乾隆御碑，详细记述了明瑞的功绩。后院中现存正殿三间，殿前有月台。原有后殿一座，现已无存。

　　画中即是正殿，也就是曾经供奉明瑞等人灵位的享殿。我来此时正值之前占用旌勇祠的单位已经腾退，这里处在荒废状态。从正殿的惨状也可明显地看出其在被占用期间所遭遇的粗暴改建，这幅写生也是一个历史时期的见证。

北京市西城区大石桥胡同61号
拈花寺山门
二〇一七年九月二十六日 十六时一十八时十分 连达

西城区大石桥胡同 61 号拈花寺山门

拈花寺由明朝司礼监太监冯保奉孝定李太后之命于万历九年（1581）建造，初名千佛寺。清雍正十二年（1734）奉敕重修，赐名拈花寺。这座寺院坐北朝南，规模宏大，共有东中西三路建筑群，仅中线建筑就有山门、天王殿、大雄宝殿、伽蓝殿、藏经楼等。新中国成立后，这里沦为大杂院，殿宇改建和毁坏严重。

拈花寺是我在北京的老胡同中漫无目的地闲逛时所偶遇，它破败的歇山顶一下子就吸引了我，多年的经验使我立即意识到又发现了一座破庙。可惜里面正在进行腾退，乱糟糟一片，负责人不许我久留，我只能退而求其次，为山门写生一幅，权作留念。

北京真觉寺—金刚宝座塔

真觉寺金刚宝座塔

　　真觉寺最早创建于明永乐年间，成化九年（1473）在寺内建金刚宝座塔。清乾隆十六年至二十六年（1751—1761），为崇庆皇太后庆寿时曾大修真觉寺，殿堂多达 200 余间。清朝末年寺院毁于火灾，仅金刚宝座塔和少数殿宇幸存。所谓金刚宝座塔就是一座周身遍布佛龛和雕刻装饰的巨大须弥座平台上建有五座密檐石塔。塔南面券门之上嵌有"敕建金刚宝座　大明成化九年十一月初二日造"的石匾额。

　　现在真觉寺是北京石刻艺术博物馆所在地，这里收藏着大量从北京各处迁移来的历代碑刻、匾额、石雕和石像生，是实实在在的碑林。我在和朋友一起来此参观的同时，也顺便为金刚宝座塔写生一幅。

北京市海淀区上庄
東岳庙正殿
二〇一四年十月十日 午十二时四十分一下午十四时十五分   连达 [印章]

海淀区上庄东岳庙正殿

　　东岳庙顾名思义是供奉东岳大帝的庙宇，上庄东岳庙始建于明代，清康熙五十九年（1720）由纳兰明珠家族重修，并改建为纳兰氏家庙。

　　全庙坐北朝南，分东西二路。西路为主，依次有山门、钟鼓楼、瞻岱门、正殿、后殿。庙门前还有一座大戏台。

　　现在此庙隐于偏远村中，曾被工厂占用，已经破败不堪，除了建筑外形依稀尚存，内部被改建损毁严重。工厂迁走后，建筑上残存的石雕又陆续被盗。我找到这里，深感在北京已经为数不多的破庙中，此处绝对算得上是翘楚之作。喧嚣过后的沉寂、沧桑的质感和时代的更迭在这些倔强的建筑上体现得淋漓尽致。

天津篇

　　我在天津市所接触的古建筑不多，只是去过几次北部的蓟州区，也就是原来的蓟县一带。我曾经在自己徒步长城的岁月里走遍了天津境内所有的明长城，从河北省遵化市黄花山向西，过钻天缝进入天津境内，再到红石门以西的三界碑进入北京市辖区，其间最大的关隘就是黄崖关。蓟州老城内也保存有鼓楼和一些庙宇，多是明清时期所建。但城里还有一处最重要的古建筑，那就是西门内的独乐寺。

蓟州区独乐寺观音阁

曾经统治着北中国的辽王朝是中国历史重要的一部分，这个地域辽阔、国力强盛又笃信佛教的王朝遗留至今的地面建筑绝大多数都与佛教有关。现在辽宁和内蒙古境内还保存着大量的辽代砖石佛塔。木结构古建筑保留至今的仅剩八座，号称八大辽构，其中就包括无与伦比的应县木塔，可想而知辽代的建筑文化是多么的辉煌璀璨。而蓟州独乐寺以弹丸之地竟然独有八大辽构中的两座，也就是山门和观音阁，其在建筑史上的重要地位不言而喻。辽代建筑上承唐风，存世辽构可以说是今人学习了解唐代建筑最重要的实物参考。当年梁思成先生为了破解天书一般的《营造法式》，就是以独乐寺山门和观音阁进行参照和分析的。

独乐寺始建于唐贞观十年（636），辽统和二年（984）重建。观音阁面阔五间，进深四间，通高23米，高两层，两重檐歇山顶，腰部出平坐，造型有浓郁的唐风，更与敦煌壁画中的唐代建筑有一脉相承的相似性。我曾四次到过这里，每次都静坐于阁下仰观，常感思绪穿透时空而去，仿佛周遭的时间都静止了。

河北篇

　　河北省是历史积淀深厚的文化大省，留下了大量的古城、古迹和古建筑。我多年前也曾数次到河北省寻古写生，如徒步河北省境内的明长城，探访号称八百村堡的蔚县，游览清代的东、西两陵等，但还远远不够，如正定这样的千年古城我始终未能有机会前往。而且当时我还处在自学绘画的开始阶段，虽然在河北也画过很多写生作品，但如今回头来看，大都显得粗糙不堪，这一部分就只好少选几张。

涞源县泰山宫砖塔

涞源县位于河北省西北部太行山脚下，因涞水发源于此而得名。城中有座泰山宫，相传始建于唐，重修于辽，供奉东岳泰山女神碧霞元君，是一座道观。建筑群位于高坡上，有山门、钟鼓楼、圣母殿、文昌殿和财神殿等建筑。在山门内左侧还有一座八角五级的砖塔，叫兴文塔，建于唐天宝三载（744），为砖雕仿木结构，仅各层各角的角梁为木质。塔下为须弥座，一层最高，南向开塔门，其余各面墙上浮雕假门假窗装饰。塔檐下有华丽的斗栱，每层檐上设平坐勾栏，塔顶为仰莲宝珠塔刹。

我当年来到这里时，砖塔十分破败，上边三层毁坏尤甚，砖瓦塌落缺失，各层角梁褴褛地伸向空中，塔刹也歪到一边。我的一幅写生无意间记录了泰山宫砖塔往昔的沧桑风貌。

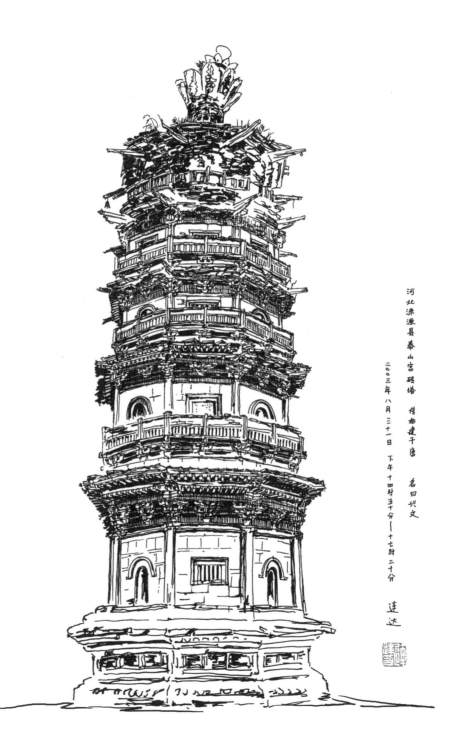

河北涞源县泰山宫砖塔 传曰建于唐 名曰兴文

二〇〇三年八月三十一日 下午十四时五十分——十七时二十分 连达

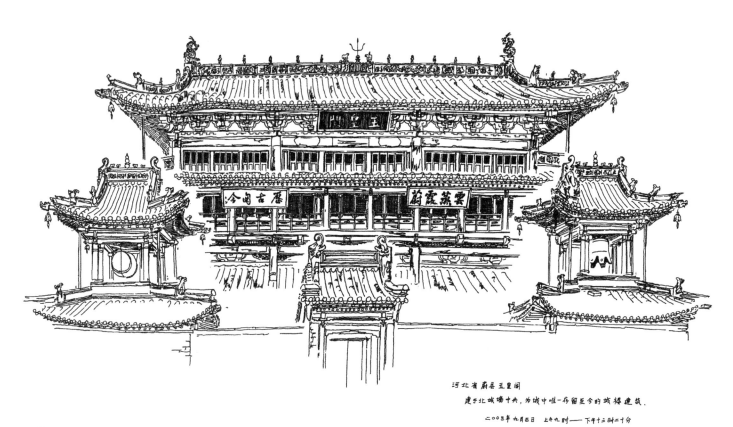

河北省蔚县玉皇阁
建于北城墙中央，为城中唯一存留至今的城楼建筑。
二〇〇三年九月五日 上午九时——下午十三时二十分
连达

蔚县玉皇阁

　　蔚县古称蔚州，是河北省西北部的古城，地处明代的内外长城之间。这里是蒙古骑兵突破外长城后南下劫掠的重要通道，因此，几乎村村建堡垒自卫，史称八百村堡。蔚县城池则更加高大坚固，有"铁城"的美誉。可惜至今城墙已被拆毁大半，仅北半部的城墙尚且连贯。昔日各门城楼也一并毁去，但北城墙因处在临敌面，并未开设城门，只在城墙突出部上建有一座玉皇阁，至今犹存。

　　玉皇阁面阔五间，进深三间，是三重檐歇山顶的两层砖木楼阁，二层设平坐回廊。楼前有小院，两角上分设钟、鼓楼，正中开硬山院门。我在写生时坐在院外仰望，感到玉皇阁精彩部分被院墙遮挡太多，便主观把楼阁抬升，使其更多地展现在画面里，也更显宏伟华丽。

河北省蔚县暖泉镇东南古刹
——华严寺后殿

二〇〇七年七月十九日 上午八点二十五分 至九点五十五分

连

此寺现只存两座歇山顶大殿，其余建筑毁于文革，现为粮库。

蔚县暖泉镇华严寺后殿

　　暖泉镇是蔚县西南部的大镇，由西古堡、北官堡、中小堡等多座古堡聚集在一起形成，是蔚县古城之外古迹最密集的地区。在暖泉镇东部还保存有一座规模不小的古刹，名曰华严寺。相传此寺建于明洪武三十二年（1399），清光绪十四年（1888）重修。现存尚有前殿和后殿以及东西配殿、厢房组成的一个大院子。我在2007年前后数次到过暖泉，当时寺院已经被粮库占用多年，所有殿堂墙体被刷成一片洁白，正面门窗拆除，砌以砖墙，仅留下一个很小的门。画中的后殿有很高大的歇山顶，檐下设重昂五踩斗栱，明显年久失修，墙角已经坍塌下来。屋檐也有多处衰弱地下垂，全靠加支的多根木杆撑住才不至于塌落，垂垂老态，令我至今记忆犹新。

河北省阳原县
开阳堡南门
二〇一五年五月三日 上午 九时 十八分
——十时三十八分
连达

阳原县开阳堡

　　阳原县在蔚县西北，也星罗棋布地保存着众多古堡，其中开阳堡最为著名。这座古堡位于一块黄土台地上，面朝宽阔的河川，显得挺拔雄伟，最为大众所津津乐道的是古堡南门的城楼，也就是我画中的这座建筑。古堡的城墙以夯土筑就，南门的位置则以毛石包砌，顶上建面阔进深皆三间的单檐庑殿顶城楼一座，实际上相当于一座小殿。正面原本有门窗，现在全都毁掉，其余三面砌砖墙。这座庑殿顶造型小巧，曲线飘逸，为开阳堡平直的城墙线增添了无穷的神秘与灵动。许多人都传这是一座唐代的古建，这就言过其实了，不说从其木构架特征上看，其仅为明代风格，就是从门洞上匾额的题款时间明嘉靖二十三年（1544）来看，也不可能在明代修的城门上多出来一座唐代的木构建筑。

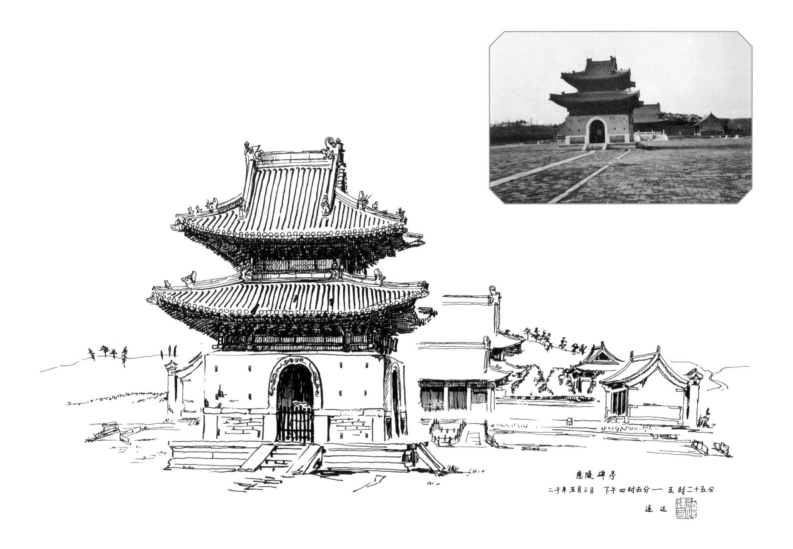

惠陵碑亭
二千年五月三日　下午四时五分—五时二十五分
连达

遵化市清东陵惠陵碑亭

　　清朝占领中原之后，在河北省遵化市的昌瑞山下开辟了一块皇家陵园，因位于北京以东，所以称为清东陵。这里最初埋葬的是顺治帝，后来康熙、乾隆、咸丰、同治等皇帝死后也葬入东陵。惠陵是同治帝爱新觉罗·载淳和皇后阿鲁特氏的陵寝，开工建造于清光绪元年（1875），光绪四年（1878）九月竣工。虽说同治帝寿命太短，在位期间也毫无作为，在历史上更是没什么存在感，但他的陵寝质量很棒。只是位于整个清东陵园区的角落，平时也少有人至，很有点凄凉之感。

　　我所画的就是惠陵神道上的碑亭，其后有金水桥、隆恩门、隆恩殿等建筑作为远景衬托。

孝庄文皇后昭西陵
二千年五月三日 早八时二十分——上午十时五分　连达

遵化市清东陵之昭西陵

　　在清东陵大红门外东侧有一座孤零零的陵寝，埋葬着孝庄文皇后。她是清太宗皇太极的庄妃，顺治帝福临的母亲，康熙帝玄烨的祖母，一生经历跌宕起伏，波澜壮阔。传说她曾奉皇太极之命亲自色诱明朝总督洪承畴投降；为了保住顺治帝的皇位，委身于皇叔多尔衮；后来又以卓越的政治眼光和手段辅佐孙子康熙帝坐稳江山。关于她的故事更是成为许多影视剧演绎的题材。不过她死后并未按皇家规制回到沈阳与皇太极合葬，也并未选择葬入清东陵园区内陪伴自己的儿子顺治，只是孤独地长眠在园区外，这更成了世人不断猜测的谜团。

　　我来到昭西陵时，这里尚未修缮，隆恩殿已毁，前边三座琉璃门也破败不堪，这满是沧桑的场景被我记录于画中。我还未画完就被赶来的守陵人抓住了。因为我是看院里无人，翻越铁栅栏跳进来的，不过他看我只是认真作画，就没说什么，让我继续画了。

河南篇

　　河南是中原之地，古来即为逐鹿战场，更有洛阳、开封这样历史悠久的古都，北邙山和巩义的沃土下埋藏着无尽的历史，放眼望去，其丰厚凝重，恐怕穷尽一生也难参详明了。当我把初涉江湖、艰难学习和积累的大好年华都用在了山西、河北一带时，心中就常谋划有朝一日能以我自己的形式，手握画笔去"逐鹿中原"。2019 年秋季，我从山西晋城出太行山，南下河南济源，正式开始了我的河南古建筑写生旅程。用了大约一周时间，走访了济源、孟州和温县等地，后遇连绵大雨而返。当时我还计划第二年再来，将做好充分准备，正式南渡黄河，深入中原腹地。谁知接下来就遭遇了持续三年的新冠疫情，我竟再未能有机会入中原半步。

河南省济源市
济渎庙山门
二〇一九年十一月一日下午十四时二分一
十七时十分
莲达

济源市济渎庙山门

　　济水是华夏四渎之一，发源于王屋山太乙池，潜流入地七十余里后在济源涌出地面，之后又潜入地下，过黄河而不浊，在荥阳第二次流出地表，流经原阳县再次入地直至山东省菏泽市定陶区，最后流进渤海，是一条三隐三现的神奇河流，济源、济南、济宁和济阳等地名皆源于济水。这原是一条水量丰沛的大河，曾是大禹治水疏导的九川之一，后被黄河夺道，济水在山东段遂变得飘忽无定，常以泉涌形式复出，济南遍地皆泉，因之得名泉城。

　　济渎神被历代王朝一路加封至清源忠护王，在济水之源的济源建祖庙祭祀，这就是天下最大的济渎庙，也是四渎庙中唯一的幸存者。我曾在晋东南见过多座民间济渎庙，对济渎神早已如雷贯耳，心生敬仰。来到济源济渎庙，首先被山门吸引。这是一排明代所建的牌楼式大门，名曰清源洞府门，由一座正门和两座掖门组成，皆悬山顶。正门面阔三间，掖门各一间，尤以正门檐下重翘重昂九踩斗栱华丽炫目，吸引我坐在马路边就开工画了一幅。

河南省济源市济渎庙龙亭
二〇一九年九月二十八日 下午十三时—
十五时三十分 连达

济源市济渎庙龙亭

济渎庙全称为济渎北海庙，创建于隋开皇二年（582），现存北宋、元、明、清各代建筑以及大量历代祭祀碑刻。前部为济渎庙，后部是北海祠，东路有御香院，西路为天庆宫。北海祠内有龙池和北海池，意为济水之源。在龙池南岸还筑有龙亭一座，面阔进深皆三间，单檐歇山顶，用材不甚规范，风格粗放，是元代遗构，与太行山上晋省南部的元代建筑风格一脉相承。

济渎庙临水，环境潮湿，蚊子极多，疯狂叮咬。我写生时脸上脖子上和手上很快就全是红包。真被咬到心神不宁，坐不住了，只好用左手挥舞毛巾驱赶，但无济于事。后来有两个年轻道士扫来一些干枯的柏树枝叶在我旁边点燃，用烟帮我驱蚊，这才有所缓解。本想去画北宋遗留的济渎寝宫，奈何那院子里杂草茂盛，蚊子更多，我只转了一圈就被咬得赶紧逃了出来。

河南省济源市奉仙观三清大殿
二〇一九年十月一日 上午九时一十二时四十分
莲达

济源市奉仙观三清大殿

　　济源城中除济渎庙之外还有一座大道观叫奉仙万寿宫，俗称奉仙观。此观创
建于唐垂拱元年（685），北宋时大规模扩建，金大定二十四年（1184）重修三清
大殿。之后历代不断修缮维护，得以留存至今。现存山门、玉皇殿、三清大殿，
左右有厢房和配殿。正殿三清大殿即金代遗构，面阔五间，进深六椽，悬山顶。
前檐用方石柱，无普拍枋，柱头和补间皆用单杪单下昂五铺作斗栱。殿内梁架用
材之随意，不加修整，为别处金构所罕见。尤其山面的博风板之宽大，甚为惊人，
也是我寻古多年所仅见。

河南省济源市东轵城村
大明寺中佛殿
二〇一九年十月二日 上午九时三始一下午十三时四始 连达

济源市东轵城村大明寺中佛殿

　　大明寺是济源的又一古刹，相传最早可追溯到西汉时的轵侯刘昭时期，是他家的祖庙所在。有明确记载在宋仁宗康定元年（1040）正式改建为佛寺，名通慧禅院，金朝末年毁于兵燹。自蒙古至元十三年（1276）起进行了历时三十年的重建，并改称大明寺。现存寺院坐北朝南，依次为山门、天王殿遗址、中佛殿、后佛殿等。画中的中佛殿是元代遗构，单檐歇山顶，面阔进深皆三间，其外观规整端庄，有宋金之严谨，内部构架却狂放不羁，一如元构之风格。寺中僧人显然很热爱生活，种植了许多花木，陈列在殿前月台周围，把佛殿装点得生机盎然。

河南省济源市东轵城村大明寺后佛殿
二〇一九年十月二日下午十四时三分一十七时　连达

济源市东轵城村大明寺后佛殿

　　大明寺后佛殿为明代所建，面阔三间，进深六椽，悬山顶，正面明间开隔扇门，两次间设隔扇窗，其余三面皆是厚重的砖墙。檐下以方石柱支撑，设重昂五踩斗栱。殿内梁架上还保存着大面积的清代彩画。

　　在大明寺写生，感觉颇为赏心悦目，四周绿树成荫，院内干净整洁，到处可见精心培育的盆栽植物，虽为寺院，宛若园林，所以我才在这里连画了两幅。

河南省济源市大许村二仙庙前殿
二〇一五年十月三日上午十时三分——下午四时抵合　连达

济源市大许村二仙庙前殿

　　听闻大许村有二仙庙，顿觉如遇到故旧般亲切，毕竟在晋东南对二仙庙已经很熟悉了。但我没料到大许村的二仙庙规模竟然很大，颇感震惊。现存前后两座大殿，体量都不小，后殿前部还连建有献殿，旁边有配殿，虽然残破不堪，看结构至少是明代建筑。庙宇被改建成粮库，殿堂成了库房，才得以留存至今。前殿和后殿现在被分隔在前后两个不通的院子里。前殿面阔进深皆三间，单檐歇山顶，体量甚为庞大，尤其歇山顶之高巨隆起，比例颇感夸张，倾颓破败之状，又若耄耋老者，惹人恻隐。檐下的三昂七踩斗栱密集完整，内部构架也基本完好，扶梁签写着"大明万历五年（1577）……皇明宗室庐江王谨施"。前殿里的二仙简介让我更为意外，此地的二仙和山西的二仙根本不是一回事，山西的二仙是姐妹两人，这里的二仙只是单独一人，名叫紫虚元君，位列碧霞元君之下，排行第二。

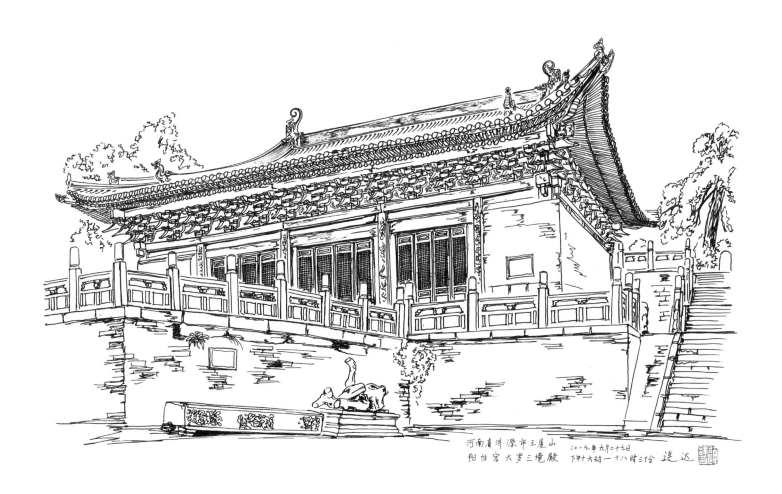

河南省济源市王屋山
阳台宫大罗三境殿　二〇一〇年九月二十九日
下午大时一十八时三枌　连达

济源市王屋山阳台宫大罗三境殿

在济源市王屋山南麓山脚下保存着一座规模宏大的道教建筑群——阳台宫，创建于唐开元十二年（724），初名阳台观，李白曾在此创作了《上阳台帖》。五代时惨遭兵燹，北宋和金逐步修复，并改称"阳台万寿宫"。明正德十年（1515），重修大罗三境殿，万历二十四年（1596），新建玉皇阁。整座建筑群依山而建，层叠攀升，威严堂皇，真是道家神仙府第。画中的大罗三境殿是阳台宫的正殿，供奉着道家三清，所以也称三清殿。此殿面阔五间，进深四间，单檐歇山顶，其最具特色之处莫过于遍布内外的高浮雕石柱，堪称珍品。

济源市王屋山阳台宫玉皇阁

　　阳台宫玉皇阁是供奉道教玉皇大帝的地方，是河南省现存最大的明清楼阁式建筑，深广各五间，三重檐歇山顶，体量宏大，端庄威严，斗栱工整密布，檐柱为 20 根雕刻精美的石柱，雍容华贵，是少有的艺术精品。

　　我在攀登了王屋山，感受了愚公移山的气魄之后，专程住在阳台宫附近。一大早山门刚打开，我就来到里面，选择在玉皇阁台阶一侧凝神静气为楼阁画一幅全貌。这幅画一直到傍晚才完成，当真是腰背酸痛，罕有的感觉疲惫到几乎坐不住了，几次起身活动身体，否则有撑不下去之感，真是岁数不饶人啊。来此巡查的济源市文物局的朋友们很受感动，中午热情地邀请我去旁边的厢房一起吃炒面，省去了啃干粮之苦。

孟州市堤北头村显圣王庙

　　显圣王庙相传源自汉光武帝刘秀时期，他为了感念自己被王莽追杀时显圣救驾的三位天神，诏令修建庙宇，尊为显圣王，其中以伍子胥为尊。庙宇历代屡经兴废，现存显圣王殿也称三圣殿，为元朝吴门桥都元帅宁玉的族人捐资于至正十一年（1351）重建。清康熙四十五年（1706）黄河泛滥，庙宇被水围困。乾隆二十四年（1759），显圣王殿被整体迁到今址重建，另建配楼和戏楼等附属建筑。

　　画中的显圣王殿面阔三间，进深四椽，悬山顶，檐下设双下昂五铺作斗栱，正面两窗夹一门，其余皆墙壁，是河南现存为数不多的元代建筑之一。

河南省温县大吴村慈胜寺大雄宝殿
二〇一九年十月四日下午十五时十分—十七时十分　连达

温县大吴村慈胜寺大雄宝殿

　　慈胜寺创建于五代年间，蒙古至元五年（1268）重修。近代屡遭破坏，曾经规模宏大的建筑群现在仅存天王殿和大雄宝殿，其余不是复建的仿古建筑，就是以遗址的形式弃置。画中即大雄宝殿，面阔三间，进深六椽，单檐歇山顶，檐下用单杪单下昂五铺作斗栱，前后明间开木板门，正面两次间为巨大的直棂窗。殿内构架严谨，用材规整，使用减柱造，是我在中原见到的元构中造型最精致的。墙壁上还残存有少量壁画，可惜大部分在近代已经被盗卖出国。殿前陈列着珍贵的五代石经幢，昭示着寺院悠久的历史。

　　我来到慈胜寺时天已极度阴沉，开始写生不久，就下起雨来，虽然不甚大，但绵密不绝，我只好举伞继续画。几位来自焦作的游客看到后，主动帮我打伞遮雨，才顺利完成了这幅作品。

河南省温县徐堡中街村遇仙观山门
二〇一九年十月五日 中午十二时十分一下午三时四场 连达

温县徐堡中街村遇仙观山门

徐堡北靠沁河，这条发源自晋东南的河也让我倍感亲切。相传元代初年沁河泛滥，淹没徐堡村。有道士徐焕想建道观供奉神仙以镇水，却苦于没有建材。恰巧一日上游冲来一批木料至此便停住，徐焕觉得这是仙人相助，便在此兴建了"遇仙观"。历史上这处道观也是创建于元代，不过现存已尽是清代遗构，为道光时期大修的产物。遇仙观由山门、灵霄宝殿、三清殿这三座主殿，以及两厢的关帝殿、天将东殿、天师殿、三官殿、瘟神殿、土地殿、天将西殿、王母殿、四圣殿和广生殿等配殿组成，规模也不算小了。

来到遇仙观，已近中午，院中有老乡看守，我前后参观一番，准备开始写生，老乡说他们要回家吃午饭，让我下午再来。我只好先去街上吃了饭，返回后即坐在泥泞的村路上画了一幅山门。

河南省温县徐堡中街村遇仙观
灵霄宝殿
二〇一九年十月五日 下午十三时五分——十五时三十分 连达

温县徐堡中街村遇仙观灵霄宝殿

　　感觉遇仙观修缮工程似乎完成未久，院内各处都堆满了砖瓦构件，灵霄宝殿和三清殿等建筑屋顶瓦作也很整齐。两殿结构相似，都是面阔三间，悬山顶，檐下设双下昂斗栱，正面两窗夹一门。未经整修的各座配殿则破烂不堪，几近坍塌。

　　我画完山门，守庙老乡也终于再次打开大门，我赶紧跑过去开始画灵霄宝殿，并准备再画一幅三清殿，把遇仙观的建筑画成一个系列。可惜画到下午三点半，刚刚完成了这一幅，老乡又把我请了出去，他们要回家了，我也只能作罢，这成了此行在河南的最后一幅画。

湖南篇

　　湖南省是古楚之地，远在江南，于我这个东北人来说便是远在天边的地方了，也从未想过能够有机会涉足。我小时候对湖南的粗浅印象大致就是关公战长沙、马王堆汉墓以及著名的岳麓山、湘江等，还会背诵一句"屈贾谊于长沙，非无圣主"。长大后学习了解近代历史，对秋收起义、湘江战役、文夕大火和长沙会战也耳熟能详起来，深感湖南是块英雄的沃土，充满了敬仰之情。

　　在 2020 年 10 月下旬，我有幸受邀到长沙和岳阳一带讲座，因此得以短暂在两地间盘桓，也顺便留下了几幅古建筑写生作品，略填补了我在这一地区的空白。

长沙市西文庙坪石牌坊

长沙文庙原本级别很高，建筑群占地广袤，是湖湘文化荟萃的地标建筑。可惜在1938年11月的文夕大火中化为灰烬，成了焦土抗战的牺牲品。只有原本在中轴线西侧的"道冠古今"石牌坊侥幸保存了下来，也就是今天当地人俗称的"西文庙坪石牌坊"。这是一座四柱三楼的石牌坊，造型严谨、结构简练，装饰元素也与北方牌坊截然不同，首次接触，颇觉新颖。石料上的斑驳痕迹又满是历史积淀的沧桑韵味。

我在长沙刘叔华和柳肃两位前辈的陪同下，来到牌坊前，各自选择位置同绘牌坊，一度成了当时长沙文化圈的一段佳话，也留下了特别珍贵的回忆。

湖南省长沙市西文庙坪石牌坊
二〇二〇年十月二十四日上午八时二十五分——十时三十五分

连达

湖南省长沙县榔梨镇
陶公庙戏楼
二〇二〇年十月三十一日上午九时拾
——十一时二十五分
连达

长沙县榔梨镇陶公庙戏楼

　　陶公庙又名昭显灵应宫，背靠临湘山，傍依浏阳河，相传始建于南朝梁天
监四年（505），是祭祀东晋陶淡与陶煊叔侄的道观。现存者为清光绪十九年
（1893）重建，由山门、戏楼、正殿和后殿等建筑组成，庙宇倚山坡而建，巍峨
高耸，蔚为大观。

　　陶公庙戏楼倒坐于山门之内，通高近 15 米，为单檐歇山顶两层小楼，下层
可以通行，上层是唱戏的台口。戏台檐角极其夸张的高挑角度是我目前所仅见，
也是第一次画到，真是感到南方古建筑的檐角没有最翘，只有更翘了。这妖娆的
造型，全新的风情，虽在中国传统建筑范畴之内，但对我是如同异域风情般几乎
不知从何下笔才好，至今印象深刻。

湖南省湘阴县
文庙 大成殿
二〇二〇年 十月三十日
上午十时十分—中午十二时二十六分
连达

湘阴县文庙大成殿

　　湘阴县文庙始建于北宋庆历四年（1044），与岳阳楼同时兴建。历代又先后十多次予以重修和重建，至清咸丰元年（1851），"规模宏丽，遂甲于湖以南"。整个文庙建筑群风格独特，技艺精湛，气势恢宏，古朴雄伟。现存建筑有最前端的棂星门石牌坊、泮池、太和元气石牌坊。中部被公路截断，路北有大成门和大成殿。画中就是面阔五间、重檐歇山顶的大成殿，顶层檐中央又出一座小抱厦，整座建筑体量宏大、飞檐飘逸，与北方建筑风格迥然不同。

湖南省岳阳市岳阳楼

二○二○年 十月 二十七日 十一时—十四时

连达

岳阳市岳阳楼

　　岳阳楼早已随范仲淹的《岳阳楼记》名满华夏了，但经历了千余年来的屡建屡毁，如今的岳阳楼仅为清光绪六年（1880）重建。此楼位于岳阳古城西门上，实际是一座城门楼，楼前即可俯瞰烟波浩渺的洞庭湖。楼本身并不高大，平面正方形，三层三檐，底下两层有回廊环绕，顶上为巨大的盔顶，金黄色的琉璃瓦在阳光下熠熠生辉，各层檐角充满韵律地一齐上扬，尽显江南水乡的灵动之气。虽然我也画过很多古代楼阁，但既是一座货真价实的古楼阁，又有享誉天下之名气的，非岳阳楼莫属了。

安徽篇

　　安徽省现存古建筑主要分布在南部的古徽州地区，其灰瓦白墙、高翘的檐角和层叠的马头墙构成了我对徽派建筑最初的印象。早年我也曾专程去登黄山览胜，顺便看过一些附近的古民居，只是行色匆匆，未能深入了解。2018 年 12 月初，我正好有了一段空闲时间，突发奇想地决定到古徽州去走一走，看一看，于是把目的地选在了屯溪、歙县、绩溪、祁门一带。说走就走，我果断地在这个清冷的季节孤身南下，来到了这片几乎完全陌生的地区，在此新天地里很是徜徉了一番，感受了与北方古建筑和古民居截然不同的建筑风情，极大地丰富了我的阅历和见解。

安徽省歙县许国石坊　雨中执伞完成

二〇一八年十二月二日上午七时壹十分—十二时十分

连达

歙县许国石坊

　　歙县老城阳和门内有一座许国石坊，又名大学士坊，俗称"八脚牌楼"。此坊建于明万历十二年（1584）十月，当时许国因云南平逆"决策有功"，晋升少保，封武英殿大学士，官位仅次于首辅，他衣锦还乡时建起此坊。许国石坊实际为两座三间牌坊前后相隔一间平行而立，两端再连接起来，做成两个单开间牌坊，整体上就是四个牌坊合围成一圈的结构。牌坊皆为歇山顶冲天柱式，南北长 11.54 米，东西宽 6.77 米，通高为 11.4 米，设计独特，雕琢精美，堪称古徽州的象征。

　　在我写生的时候，天上下起了牛毛细雨，后来越下越大，我只好躲在路边一个商铺的短屋檐下尽量用伞遮住画板，以一个僵硬难耐的状态画完了在古徽州的第一幅写生。身上大部分被淋湿，在阴冷的冬季浑身的湿寒令我有一种沮丧的挫败感。

安徽省歙县瞻淇村敦和堂
二〇一八年十二月三日下午十三时五十分—十五时五十三分 连达

歙县瞻淇村敦和堂

　　瞻淇是个古老的村庄，原名章祁，建村历史可以追溯到唐代，清康熙二年（1663），取《诗经·卫风》"瞻彼淇奥，绿竹猗猗"之句，将章祁改为"瞻淇"。村庄背山临水，风景优美，星罗棋布的房屋和宅院好像洒落在山间的一盘珍珠。其中，有几十座明清时代遗留下来的古宅和厅堂，记录着往昔人杰辈出的辉煌岁月，也见证着小山村曾经的繁华。

　　我来到村里时正值烟雨蒙蒙，一条东西向长街上湿漉漉，走上去滑腻腻的，到处都又湿又凉。我坐在敦和堂门前写生，实在没有办法，只好把背包扔在已显泥泞的地面上。这座堂门是在墙壁表面镶嵌的砖石三间五楼牌坊，是这一地区高门大户常用的宅门形式，墙上"文革"时期留下的标语又好似在老宅门身上呈现出了一种时间沉淀的肌理，充满了岁月的韵味。

歙县瞻淇村京兆第

　　在瞻淇村敦和堂旁边不远的一户邻居叫京兆第，顾名思义就是祖上曾有在京城为官者。此宅大约建于清初，为三开间牌楼门式样，屋檐下辅以精美华丽的砖雕装饰，仿佛从厚重的墙壁上直接雕凿出来一般，满是凝重感和沧桑气质。这种徽派民居进入院子后多半会有个天井，对面是两层楼房，一层为待客之所，二层为居住空间，大多装饰有精美的木雕和隔扇，有的在二层向阳的位置设有美人靠。不同人家，有很多差异，但徽派木雕技艺之精湛，从未令人失望。

　　我在这边写生遇到的困难是方言几乎完全听不懂，尤其向老乡打听情况时，能够听明白的有效信息就更少了，曾经在北方练就的跟当地人搞好关系的生存技能在此大为缩水。

安徽省歙县霞坑镇石潭村吴氏宗祠—叙伦堂
二〇一八年十二月六日上午八时至午—十二时三十八分
连达

歙县霞坑镇石潭村吴氏宗祠叙伦堂

　　我顶着小雨跨过碧波如玉、流速湍急的河水来到了石潭村，这里由一条曲折的长街串起来的多座古宅大院，其中最著名者便是本地吴氏家族的两大祠堂——叙伦堂和春晖堂。叙伦堂又称下门祠堂、百梁厅，始建于明嘉靖三十三年（1554），大门面阔三间出前廊，檐下木雕精美绝伦，肥硕饱满的月梁尤有特色，这是清代重修后的祠堂正门。院内厅堂进深五间，有大小房梁近百根，虽被改建，但精华尚在。

　　这里的小街十分狭窄，感觉坐在叙伦堂对面墙根下，膝盖都快顶到叙伦堂的柱子上一般，只能有一个仰视的角度。从两边屋檐滴下来的雨水直接落在我的画板上，我也只得把背包扔在湿乎乎的墙根旁，用伞护住画板，脊背紧靠在冰冷的水泥墙上，坚持完成写生。

安徽省歙县霞坑镇石潭村至善堂
二○○八年十二月六月下午十三时四十分
——十六时三十分
连达

歙县霞坑镇石潭村至善堂

石潭村吴氏宗祠春晖堂又称上门祠堂，建于清代，坐东朝西，正门面阔三间，厅堂前后三进，南接有百梁厅之誉的叙伦堂，北面隔壁就是至善堂。此画中的主体是至善堂正门，右边为春晖堂大门。至善堂也是面阔三间前出廊的宽大门面，都是本乡宗族开枝散叶后兴建的分堂。我本欲画一幅春晖堂，但其时这里正在进行大修，堆放的沙石材料把门前塞满了，我便来到至善堂前写生。凄冷的冬雨之下，我浑身已经冻得僵硬，雨伞上也结了一层晶莹的薄冰，收伞时便毕毕剥剥地碎裂下来。

绩溪县家朋乡磡头村节妇坊、许氏祠堂和听泉楼

磡头村有一组由节妇坊、许氏祠堂和听泉楼组成的古建筑群枕山溪而建，与隆隆的水声相伴，别有一番情趣。许氏为当地大姓，祠堂始建于明朝洪武年间，至今保存完整。祠堂门前耸立着一座三间四柱五楼的节妇石牌坊，是明嘉靖丁酉年（1537）朝廷为表彰村民许保妻章氏守节而立。牌坊北边有一座临河而建的二层重檐歇山顶过街楼，宛若从旁边的砖楼上连建出的抱厦，通高约8米。一层临河设美人靠，可凭栏近距离欣赏奔涌而下的急流。楼檐下悬"听泉"匾额，为清咸丰己未（1859）王峻题记。这一组建筑与古村远山和溪水相配，勾勒出浓郁的古徽州风情。

安徽省绩溪县家朋乡磡头村
节妇坊、许氏宗祠、听泉楼
二〇一八年十二月四日—五日共九小时完成
连达

安徽省徽州区潜口镇唐模村尚义堂

二〇一八年十二月七日上午八时五十分一十时零分

连达

徽州区潜口镇唐模村尚义堂

唐模村最早创建于五代后唐同光元年（923），北宋以后，许氏一跃成为本地大姓。画中的尚义堂是唐模村许氏四大宗祠之一，已有500多年的历史。相传明朝土木堡之变，明英宗被俘，朝野震动。在塞外经营茶叶生意的唐模人许怀显带头向保卫北京的明军捐饷，引得社会积极响应，极大地鼓舞了明军士气。明景泰元年（1450），许怀显因首倡捐饷有功，受封尚义郎，恩准建尚义堂，门前立尚义坊。

尚义堂由前庭、中堂和后堂三部分组成，门前木牌坊即为尚义坊，是单开间重檐歇山顶式，檐角高挑，宛若长袖飘舞，造型甚为别致。

我来此时正遇雨后降温，北风强劲，坐在这里少时就冻得浑身发抖，手也不听使唤了，鼻涕更是止不住地往下流。

徽州区潜口镇唐模村继善堂

继善堂紧邻尚义堂，是唐模村许氏的又一处家族祠堂，也是前后三进的厅堂，规模与尚义堂相当，保存状况则更好。画中表现的是继善堂后堂天井的一角。正屋十分高大，共两层，一层为厅，以高挑的青石柱接续木柱支撑梁枋。二层高度较矮，皆设隔扇窗，山墙为层叠高举的马头墙。正屋与前屋间靠墙建有游廊。

正在写生时，天上飘洒下几许沙粒状的冰晶，外面的人们开始欢呼下雪了。我颇为感慨，也许江南人对雪的渴望大约与东北人对下江南的美好幻想差不多吧。人们都跑去院外看雪，我则庆幸这个院子可以遮蔽外边阴潮的湿气，使我画得更从容些。不过最终我还是因这个季节连绵的雨水和潮寒而决定北返了。

安徽省黄山市徽州区潜口镇唐模村
继善堂
二〇一八年十二月七日 中午十一时四十四分一
十三时五十四分
连达

结束语

　　在寻访写生古建筑的同时，我还背着帐篷以接力的形式从东向西徒步走完了大部分明长城，足迹从辽宁省西部一直延伸到陕西省。在野外风餐露宿、栉风沐雨的锤炼，铸就了我强健的身体素质和刚毅的性格，也为我能够坚持多年长时间在外奔波和写生做了强大的体能储备。

　　我个人更喜欢画那些沧桑、濒危和破败的古建筑，因为这样的古建筑更动人，能保存更多未加粉饰的原真性，也更接近历史，所以有此"怪癖"的我也被朋友们戏称为"破庙专业户"。现在回头看，我从开始自学绘画为古建筑画像至今的二十多年，真的是赶上了画"破庙"的最后窗口期。这些年画过的许多古建筑，现在不是已经被整饬一新，就是被简单粗暴地修成艳俗不堪的假古董，抑或无人理会，已经坍塌消亡了，更有甚者则毁于文物盗窃分子的魔爪。林林总总，它们的面貌都已经发生了极大的改变。如今"破庙"越来越少了，很多地方的古建筑因近几年疫情影响，更是大门紧锁，想要一见，难于上青天。昔日围墙倒塌，可径直而入，或者从门下爬进去，从墙洞钻进去的岁月，一去不复返了。

　　那些年我每天背着几十斤重的背囊，曾经挤绿皮火车，坐长途汽车，下乡租三轮车或摩托车，更多的时候在乡间与山区徒步跋涉，只为了奔向目标中的某处古建筑；曾经我骑着租来的摩托车在太行山的小路上摔倒，几乎掉进深涧丧命，腿上留下的疤痕至今仍清晰可见；曾经我徒步跋涉十几里山路来到一座小山村，说尽好话却仍然被守庙人无情地轰走，然后只得再徒步十几里走出来。更有甚者，我被村民当成偷文物的贩子而遭到围殴。我每日天亮即行，天黑方止，三顿饭有两顿是啃干粮喝凉水打发的，常常感觉处在半饥饿状态。为了赶时间不中断写生，甚至在恶臭的厕所、垃圾堆和农家肥旁边，照样一边大口啃着干粮一边奋笔而绘，只为能把作品一气呵成。围观的老乡们无论如何也不肯相信我是无人指派且不领工资自费来画的。能够为了所谓的喜爱干出如此疯狂的事来，别说他们不理解，真正理解我的人又有多少呢？

　　我能够一直坚持下来，绝对离不开我的家人，尤其是妻子王慧的全力支持。我们还在热恋时，我就曾带着她一起走长城访古迹，在旅程中对彼此的性格和爱好已极其了解。后来，每当我外出写生时，妻子都会说："放心，家里有我呢。"赡养年迈父母，抚育两个幼小的女儿，操持家务，每月还房贷，妻子从来没有抱怨过，总是安慰我，既然出去了，就踏踏实实画好。有妻若此，夫复何求？今朝的这本《连达古建筑写生画集》能够出版，也是献给我的爱妻王慧的一份最好的礼物！

连达

2023 年元月于家中